魔都碳秘

与我们密切相关的上海碳故事

上海市环境保护宣传教育中心
华东师范大学环境教育中心 主编

中国环境出版集团 · 北京

图书在版编目（CIP）数据

魔都碳秘：与我们密切相关的上海碳故事 / 上海市环境保护宣传教育中心，华东师范大学环境教育中心主编. -- 北京：中国环境出版集团，2025.8.-- ISBN 978-7-5111-6309-7

Ⅰ. TK01-49；C913.3-49

中国国家版本馆 CIP 数据核字第20251UH212号

责任编辑　田　怡　马宇敬
装帧设计　庄　琦　王立志

出版发行　中国环境出版集团
（100062　北京市东城区广渠门内大街 16 号）
网　　址：http://www.cesp.com.cn.
电子邮箱：bjgl@cesp.com.cn.
联系电话：010-67112765（编辑管理部）
010-67175507（第六分社）
发行热线：010-67125803，010-67113405（传真）

印　　刷　北京鑫益晖印刷有限公司
经　　销　各地新华书店
版　　次　2025 年 8 月第 1 版
印　　次　2025 年 8 月第 1 次印刷
开　　本　787 × 1092　1/16
印　　张　10
字　　数　130千字
定　　价　68.00元

前　言

气候变化是全人类面临的共同挑战。近年来，全球加速变暖，极端天气气候事件频发，给人类自身和全球生态系统都带来严重风险挑战，携手应对气候变化日益成为国际社会共识。作为负责任的大国，中国始终将应对气候变化视为推动可持续发展的内在要求。习近平总书记指出，全球气候治理虽然历经风雨，但绿色低碳发展终成时代潮流。中国是世界绿色发展的坚定行动派、重要贡献者。

上海，作为中国改革开放的排头兵和创新发展的先行者，在践行“双碳”目标、参与和推动气候治理中始终走在前列，将碳知识普及、低碳理念传播融入城市发展的血脉。从政策引导到产业转型，从校园教育到社区实践，上海正通过多元化的探索，让碳的故事走进千家万户，让绿色低碳成为全民共识与行动自觉。

由上海市环境保护宣传教育中心与华东师范大学环境教育中心联合编撰的《魔都碳秘——与我们密切相关的上海碳故事》，正是这一实践的生动载体。本书以通俗易懂的语言、贴近生活的案例，系统解读了碳的科学本质、碳排放的来龙去脉、碳减排的实践路径，更将视角聚焦于上海的本土实践，从城市碳源与碳汇的平衡，到普通市民的低碳生活选择，全方位展现了碳与城市发展、个体生活的紧密关联。

希望这本读物能成为连接科学与生活、个体与社会、当下与未来的桥梁，让更多人都能读懂碳的故事，参与到减碳的行动中来，以点滴之力汇聚成推动绿色转型的磅礴伟力，为实现“双碳”目标、建设美丽中国贡献上海智慧与力量。

上海市生态环境局

2025 年 5 月

编写说明

《魔都碳秘——与我们密切相关的上海碳故事》由上海市环境保护宣传教育中心和华东师范大学环境教育中心共同策划组织编写。

编写团队汇聚了环境、生态、经济、管理、教育、可持续发展等多个领域的专业人员，其中北京大学环境科学与工程学院的林奕妃、曹迈文、郭人杰、陶安然、王成昊、王书琦、徐冠雄、张嘉睿、张艺嘉等同学，参与了碳的物质科学、气候变化、碳源碳汇、碳交易等核心内容的撰写。他们扎实的化学、物理、地学的课业功底，思考、理解、阐明一个问题的科学方法，让这本书的科学性足够坚实，还部分体现了他们在上海完成的“环境综合实习”课程成果。

本书经过众多专家的严谨校阅和仔细指正，复旦大学高效江，上海交通大学詹路，同济大学郭茹，华东师范大学杨凯、周天舒、周立旻、刘敏、徐启新、李家成等多位老师；上海市环境科学研究院胡静、戴洁、钱美尹，上海市减污降碳管理运行技术中心吴健，上海市静安区生态环境局林涌泉，上海环境能源交易所黄燕，上海绿然环境信息技术公司王勇等多位专家为本书提供了重要的指导建议。上海市生态环境局、上海市教育委员会的领导与专业人员也给予了政策与技术指导。此外，周敦雷先生清绘了全书图片，使内容更生动直观。“上海碳秘馆”的启发与支持，也为本书的创作提供了重要灵感。

在此，谨向所有参与指导、编写、校对及提供支持的单位与个人表示诚挚感谢。

编委会

主　　编：汤庆合

副 主 编：杜龙刚　徐　洋　张　勇

编写人员：张　勇　林奕妃　陈思勤　冯　缨　徐　璐　付　洁
曹　露　李佳颖　李微苇　徐倩华　王星宇　曹迈文
郭人杰　陶安然　王成昊　王书琦　徐冠雄　张嘉睿
张艺嘉

插　　图：周敦雷

目 录

第一章

碳的世界

学习目标

1. 碳元素是如何形成的？

2. 碳原子及碳化合物在生活中有多重要？

3. 从呼吸与燃烧过程了解二氧化碳的重要性。

4. 食物中的碳。

5. 碳基的生命是如何形成的？

6. 了解碳基的城市和文明。

7. 了解从碳元素，到二氧化碳，到有机物，到生物，到人体，到人类文明的长长的链条。

1.1　宇宙洪荒：从氢元素聚变到碳元素

大约 140 亿年前，在一个极小的时间尺度之中，以一个极高的温度状态发生了剧烈的变化——宇宙大爆炸。经过普朗克时期（大爆炸发生之后 10^{-43} 秒内），引力分离，随后 10^{-35} 秒时弱电力和强核力分离，弱电力进一步分离成电磁力和弱核力。

在大爆炸发生的 1 秒内，亚原子粒子、光子、夸克、轻子、反物质、玻色子等登场，整个宇宙乱作一团。终于，当温度下降到 1 亿开尔文以下时，强核力使质子、中子结合形成原子核，此时宇宙中的原子核只有氢原子核、氘原子核、氚原子核、氦原子核和锂原子核。

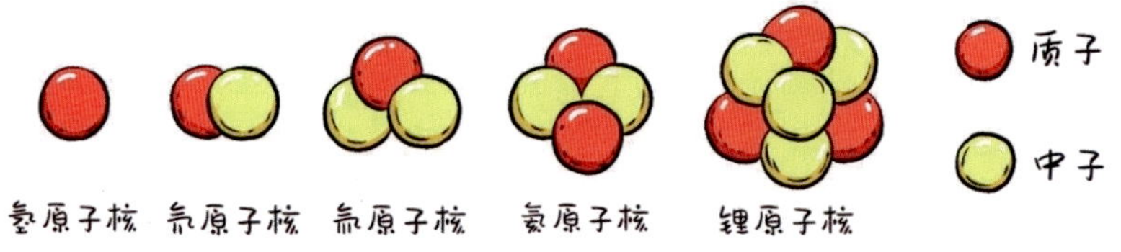

图 1-1　氢原子的聚变反应

接下来的进程让我们加大时间尺度，随后 38 万年间高能电子到处乱窜，直至宇宙冷却至 3 000 开尔文以下时，所有电子才与原子核结合形成原子。原子形成后的 10 亿年中，这些物质在引力的作用下聚集在一起，形成恒星。恒星内部又发生核聚变反应，把简单的元素变成更复杂的元素，就这样进行 90 亿年后，一个最重要的恒星——太阳，诞生了。

碳原子是怎样形成的呢？

我们知道氢原子核碰撞会发生聚变反应，形成氦原子核，同时释放出巨大的能量，这也是太阳发光的原理。同样地，氦原子核也会碰撞发生聚变反应，形成碳原子核，这个过程需要更高的温度和压力。两个氦原子核碰撞，能形成一个铍原子核，但铍原子核非常不稳定，几乎会立刻衰变回两个氦原子核。在极短的时间内，如果第三个氦原子核与铍原子核碰撞，就会形成碳原子核，而高温高压条件能增大这一反应发生的可能。

反应的过程：

$$^{4}He + {}^{4}He \longrightarrow {}^{8}Be$$

$$^{8}Be + {}^{4}He \longrightarrow {}^{12}C$$

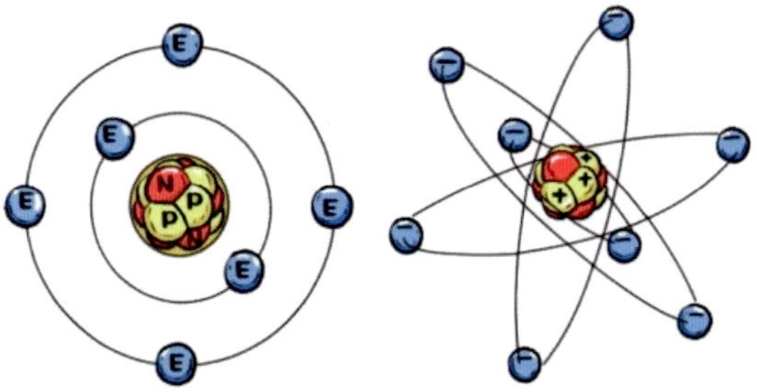

图 1-2　碳原子核和电子

当这些核聚变反应进行到一定程度，大质量恒星会发生超新星爆发，使恒星内部形成的碳（以及其他更重的元素）被抛撒到宇宙中。此时宇宙中的原子种类增加，这一过程被称为“增丰”。这些元素最终会成为新一代恒星、行星以及生命的原材料。宇宙中所有的碳，都是这样来的。

1.2 钻石和石墨：单质的碳

碳是一种与日常生活息息相关的元素。它以各种形态广泛存在于我们周围，从我们呼吸的空气中，到喝的饮料中，再到吃的食物里，都有碳的身影。接下来我们从化学世界的角度，逐一探索碳的各类姿态，揭开碳元素的神秘面纱。

我们知道，纯净物可以再细分为单质和化合物，所谓单质便是由同种元素组成的纯净物。当提到碳单质时，我们脑海中立刻浮现的是什么样的物质呢？我们或许很难想象那些装饰在戒指、项链上晶莹剔透、坚硬无比的钻石与铅笔中黑黢黢、软塌塌的石墨居然都是碳元素的单质。如果我们想弄明白同为碳元素的二者为什么会有如此天差地别的“外貌”，就要深入它们的内部结构之中，探索碳原子之间是如何结合在一起的。

钻石是碳元素在地球深层高温高压的环境下形成的。在钻石中，每一个碳原子都伸出四只“小手”，牢牢抓住上下左右四个“伙伴”，形成坚固的四面体结构。碳原子之间互相手拉手形成了一个无限延展的、如同金字塔一般的立体结构。这种结构不仅让钻石变得极其坚硬，成为自然界中最硬的物质，也赋予了它璀璨的光泽。也正因如此，钻石不仅用于各类装饰，在工业上也有广泛的用途，如制作钻头、切割工具等。

同样是碳原子构成，石墨和钻石为什么大不相同？

石墨的结构和钻石大不相同，它并不像钻石那样，碳原子与周围四个碳原子之间形成四面体结构，而是像“千层酥”一样按层状排列的。在同一层内，碳原子与周围三个碳原子手拉手，使得层内部结合得比较紧密，但层与层之间结合得就比较松散了。这种结构使得石墨非常容易滑动，质地很软，容易被擦掉，也赋予了它灰黑色的外表。此外，石墨还具有良好的导电性和导热性。这是因为在石墨的层状结构中，有一些电子可以在层内自由移动，从而形成电流。因此，石墨常被用来制作电池的电极、润滑剂等。

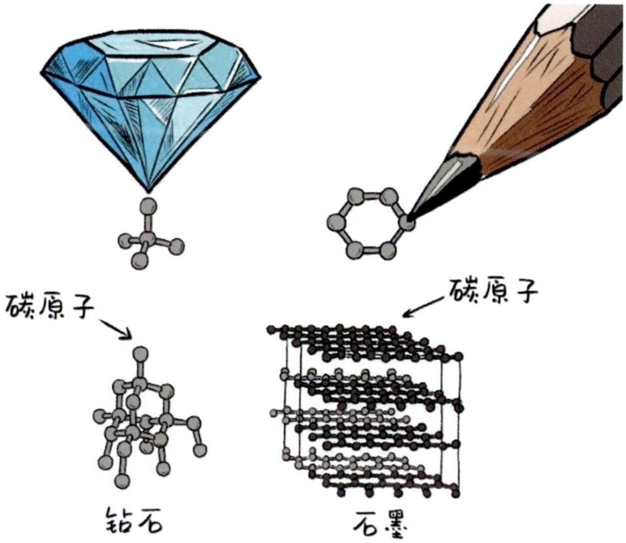

图 1-3 碳原子不同的组合方式形成了钻石和石墨

碳的神奇之处在于，它可以通过不同的组合方式，形成各种各样的物质。除钻石和石墨之外，碳元素还有着丰富多彩、奇奇怪怪的单质形态，比如如同足球一般的富勒烯、像水管一样的碳纳米管、由单层碳原子构成的石墨烯等。

1.3 煤和石油燃烧产生的二氧化碳

清晨闹钟响起，唤醒你的是亮起的电灯，也是隐藏在背后驱动发电的煤；车轮滚滚前进载着理想走向远方，燃料箱里流淌的是石油制品；穿衣饮食，生产过程中消耗的能源几乎都来自化石燃料。当我们享受现代文明带来的便利时，地壳深处沉睡了亿万年的碳元素正通过排气管，源源不断地进入大气层。

化石能源的本质是远古生物通过光合作用固定的太阳能。在石炭纪的沼泽森林里，蕨类植物以每年 3 毫米的速度堆积有机质，需要堆积 1 000 年才能形成 1 米厚的泥炭层。经过地壳运动的高温高压，这些植物残体中的纤维素、木质素逐渐脱氧脱水，最终形成含碳量 60% ~ 90% 的煤。而石油则来自远古海洋中的浮游生物，它们死后沉入缺氧海底，在 55 ~ 160 摄氏度的地热作用下，经过数百万年裂解转化，才形成这种“黑色黄金”。

然而地球用 3 亿年时间编织的碳素锦缎，正在被人类用 300 年拆解。当煤在锅炉中燃烧，石油在内燃机里爆燃，那个改变地球命运的化学反应就发生了：

$$C + O_2 \longrightarrow CO_2$$

1 千克煤燃烧会产生多少二氧化碳?

这个看似简单的方程式蕴含着惊人的能量释放。

据计算，1 千克标准煤完全燃烧会产生 2.7 千克二氧化碳，释放 29 兆焦耳能量——这足以让 40 瓦的台灯连续照明 200 小时。

图 1-4　化石能源的燃烧

火力发电厂的巨型锅炉每小时吞下 300 吨煤，吐出近千吨二氧化碳；汽车发动机每燃烧 1 升汽油，就会向大气排放 2.3 千克二氧化碳……这些数字累积起来触目惊心：工业革命以来，有估算认为人类通过燃烧化石燃料已向大气排放了 1.5 万亿吨二氧化碳，相当于把整个青藏高原铺满干冰。二氧化碳浓度的攀升使得海平面上升、冰川融化、珊瑚礁白化……地球系统正在形成危险的“正反馈”循环。

那些困在地层深处的碳原子，该如何找到回归平衡的路径？学会以地质年代的目光审视发展，用生态文明的尺度衡量进步，这不仅是技术的革新，更是一场关于如何与自然共处的文明觉醒。

1.4 汽水和啤酒中的二氧化碳

当你打开一罐冰镇汽水，“刺”的一声，仿佛打开了童年夏日的开关，无数气泡欢腾地载着快乐向上喷涌。在啤酒杯里，细腻绵密的泡沫为杯子加盖了一层“奶油”却又童话般地转瞬即逝。这些令人着迷的气泡背后，都藏着同一个神奇主角——二氧化碳。

啤酒的诞生与二氧化碳密不可分。在无氧条件下，酵母能够将麦芽中的糖分解为二氧化碳和酒精，每升啤酒能产生约 5 克二氧化碳，其中 2/3 溶解在酒液中，剩下的藏在瓶盖之下等待释放。

$$C_6H_{12}O_6 \longrightarrow 2C_2H_5OH + 2CO_2 + \text{能量}$$

图 1-5　碳酸饮料

啤酒的酒精发酵在一次偶然中为汽水的发现提供了契机。18 世纪中期，氧气发现者之一约瑟夫 · 普里斯特利（Joseph Priestley）意外将一碗水放置于正在发酵的酒桶上方，发酵产生的二氧化碳则进入碗中。不知情的约瑟夫尝过这碗水后竟发觉意外地好喝，此后将二氧化碳充入饮料盛行起来。人们也在自然中找到了相同的例子，法国南部有一种含有二氧化碳的天然矿泉，口感清爽，于是一款名为“巴黎水”的天然有气矿泉横空出世，盛极一时。

二氧化碳有何魔力让饮料工厂乐此不疲地使用?

二氧化碳究竟有何魔力，让饮料工厂乐此不疲地使用而未找到任何替代品？其中的主要原因：一方面是因为它无毒、成本低；另一方面是因为二氧化碳易溶于水。人饮入汽水后体内的热量随之蒸发排出，伴有清凉感。在 0 摄氏度、标准大气压下，二氧化碳的溶解度为 1∶1.713（体积比）。压强越大，温度越低，溶解度越高。因此在饮料工厂中，工人们大多采用高压灌装技术，在 4～6 个大气压下，二氧化碳被迫溶解在水中，当瓶盖打开，压力回到 1 个大气压，温度也会稍降，被“封印”已久的二氧化碳挣脱束缚，喷薄而出，同时吸热，这才使得饮料冰爽可口。

虽然汽水带给人极大的愉悦感，但过量摄入会导致人体不能及时处理二氧化碳，肠胃内就像被摇晃过的可乐罐，具有极大的腹胀风险。同时，二氧化碳作为酸性气体，溶于水后产生的碳酸使饮料的 pH 处于 2.5 ~ 3.5，酸化牙釉质，长期饮用会对牙齿健康构成威胁。

这些在饮料中“舞蹈”的二氧化碳分子，不仅是物理、化学的生动教材，更是连接日常生活与科学奥秘的信使。当我们举杯畅饮时，何尝不是在参与一场跨越时空的科技盛宴。

1.5 光合作用和呼吸作用中的二氧化碳

生命的长河在这蔚蓝色星球上从未停止奔流，自始至终。碳原子和氧原子的结合物——二氧化碳，就在其中扮演着重要的角色。它既是植物光合作用的营养原料，又是生物呼吸作用的代谢产物，在自然界中循环往复，催生青枝绿叶，维系鸟语花香。

当我们用心凝视一片绿叶时，看到的不仅有表面的绿意盎然，更有其内部一个精密的分子转化工厂——叶绿体。在这个工厂里，有光反应和暗反应两个车间。随着阳光肆意在植物的叶片上留下足迹，光反应车间利用太阳能和叶绿素将水分解，产生出能量货币 ATP 和还原型辅酶 NADPH；暗反应车间则将这些能量注入卡尔文循环，使二氧化碳在酶催化作用下转化为各种有机物。叶绿体工厂的生产能力强大，并非任何一个现实工厂的工作效率可比拟。据估算，全球植物每年通过光合作用固定的碳高达约 1 230 亿吨，为抵消人类活动排放产生的二氧化碳做出了极大贡献。

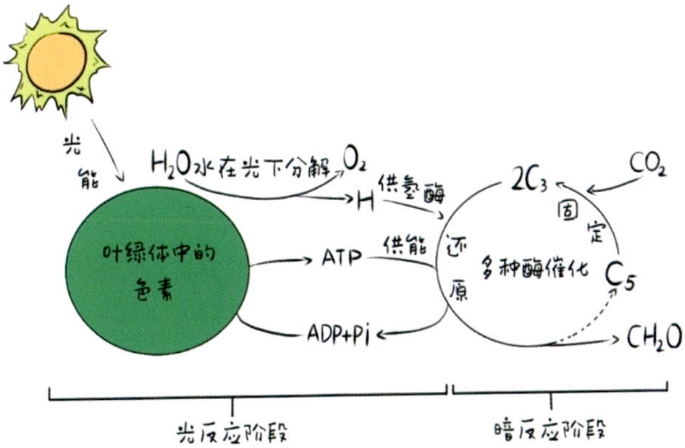

图 1-6 光合作用过程图解

当夜幕降临，植物的光合作用工厂暂时停工，但另一个工厂仍亮着灯工作。这个永不停歇的工厂存在于细胞线粒体中，它将葡萄糖分子逐步分解，将储存的化学能释放出来，同时产生了二氧化碳。这些二氧化碳分子穿过线粒体膜和细胞膜，通过植物体内的“高速公路”——胞间连丝，最终回归大气。实质上，呼吸作用正是光合作用的逆过程，它并不仅仅存在于植物细胞体内，而且广泛存在于自然界所有生物中，当然也包括我们每个人。

光合作用与呼吸作用构成了地球碳循环的核心引擎之一

植物在白天吸收二氧化碳，夜间释放部分二氧化碳；动物则摄取食物，持续呼出二氧化碳。这种动态平衡维系着大气中的二氧化碳浓度为 0.03% ～ 0.04%，这个看似微小的数值，却精准调控着地球温度。然而当代人类活动每年向大气排放约 400 亿吨二氧化碳，已然超出自然系统的平衡能力，使得近年来全球二氧化碳浓度屡创新高。

二氧化碳分子在光合作用与呼吸作用中的循环，正是这个蓝色星球最动人的生命诗篇。从微观的分子运动到宏观的碳循环，自然界用最精密的机制维持着生命的延续。在这场永不停歇的碳循环之舞中，每个人都是参与者，也都是守护者。

1.6 食物和能量：碳水化合物

碳水化合物是一类由碳、氢、氧三种元素组成的化合物，也叫作糖类。之所以我们平常称之为碳水化合物，是由于早期人们研究糖时发现所有糖的化学式都可以看作碳和水形成的化合物，即可以写作 $C_x(H_2O)_y$。虽然后来人们的研究发现有些糖并不符合 $C_x(H_2O)_y$ 的形式，如构成遗传物质 DNA 的脱氧核糖 ($C_5H_{10}O_4$)，但碳水化合物这个称呼仍被保留，沿用至今。

在日常生活中，我们吃的各种主食，如米饭、馒头、面包等，都富含碳水化合物。为什么我们需要碳水化合物？答案就藏在生物课本中：它们是人体最主要的能量来源。无论是思考问题的大脑，还是踢足球的双腿，都依赖着碳水化合物产生的能量。

碳水化合物是我们最重要的食物

碳水化合物可以分为单糖、二糖和多糖。单糖是一个个小的糖分子，比如我们最常见的葡萄糖，它能直接被我们的身体吸收利用，为我们的生命活动提供能量。我们经常听到的果糖和木糖都是单糖，后者的衍生物木糖醇常被各类无糖产品用作甜味剂。单糖就像一块块小积木，彼此之间连接在一起又可以构建出多种多样的二糖和多糖。

图 1-7　白糖、牛奶、蔬菜等中都含有碳水化合物

二糖是由两个单糖分子结合而成的，我们常见的蔗糖、麦芽糖和乳糖都是二糖。蔗糖存在于甘蔗和甜菜中，是生活中常用的甜味剂。麦芽糖是淀粉水解的产物，可由小麦、大米等发酵得到。乳糖正如它的名字一样，主要存在于奶类及奶制品中，我们常说的“乳糖不耐受”便是因为肠道缺乏分解乳糖的酶，不能正常消化吸收乳糖。

多糖比较复杂，是由非常多的单糖连接在一起形成的。生活中常见的淀粉就是一种多糖，它主要存在于谷物和土豆等食物中，由大量葡萄糖分子连接而成。在学校的实验课上，我们可能也做过用碘液检验淀粉的实验，可以通过观察是否变蓝判断淀粉是否存在。纤维素也是一种由葡萄糖构成的多糖，是植物细胞壁的主要成分。人类膳食中的纤维素主要存在于蔬菜和粗加工的谷类中，它虽然不能像淀粉一样被我们消化吸收，但有促进肠道蠕动、利于粪便排出等功能。草食动物则依赖其消化道中的共生微生物将纤维素分解，从而得以吸收利用。

碳水化合物既是身体能量的主要来源，也是构成我们身体的重要组成部分。它就像给汽车加油一样，给我们的身体“加能量”，又像建筑材料一样成为构成我们身体这座建筑的“砖瓦”。

1.7　香味和臭味：复杂的苯环和有机物

在我们的生活中，经常会闻到各种各样的气味，有的香气扑鼻，有的臭不可闻。这些气味大多数来自一些有机物，其中多是含有某种特殊结构——苯环的物质，这是一种由六个碳原子手拉手形成的有机物。

1825 年，英国科学家迈克尔·法拉第首先从煤焦油中分离出苯。1845 年，霍夫曼从煤焦油中分离出苯等一系列化合物，并提出“苯环”是产生香味的根源，因此将苯环的特殊性质称为“芳香性”，而含有苯环的化合物也就称为“芳香化合物”。实际上芳香化合物是一个很大的类别，除苯环外还有很多有趣的结构。在当时，人们已经知道了苯的分子式是 C_6H_6，但却始终找不到合适的结构式。直到 1865 年德国有机化学家凯库勒提出著名的“凯库勒式”，才较为完善地解释了苯的结构问题。

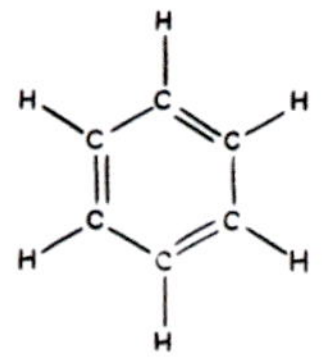

图 1-8　苯的凯库勒式

凯库勒认为苯环是由六个碳原子和六个氢原子组成的六元环，六个碳原子彼此相连，构成一个六边形环状结构；六个氢原子则均匀地“插”在六个碳原子上。苯环中碳原子之间通过单、双键连接在一起，且单、双键之间会快速交替变化。“凯库勒式”较好地解释了苯的一些性质，比如 C—C 键键长均一化，但却无法解释苯环为何具有特殊的稳定性。

直到后来离域概念发展起来后，人们才认识到苯环中的碳原子连接方式十分特殊，它既非纯粹的单键，也非纯粹的双键，而是一种被称为大 π 键的特殊化学键，电子可以在六个碳原子之间运动，而非局限于成键的两个碳原子之间。这使得它的结构非常稳定，同时具有一些独特的性质。科学家们对苯结构的认识，也是一个逐步深入的过程。

很多香味和臭味来源是由碳原子构成的芳香化合物

在日常生活中，我们接触到的许多物质都含有芳香化合物，如香水、化妆品、清洁剂等。就像积木的组合，苯环搭配不同结构可能产生不同的气味。当我们闻到香草冰淇淋的甜香时，其实是被香草醛分子（$C_8H_8O_3$）“亲吻”了鼻腔。香草醛分子包含一个苯环，连接着特殊的“气味标签”——醛基（—CHO）。而当苯环并上一个五元氮杂环时，又会变为“臭名昭著”的粪臭素（C_9H_9N），散发出粪便般的恶臭。

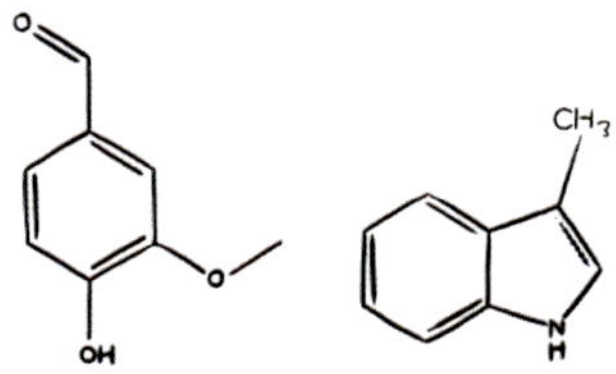

图 1-9 左为香草醛结构式，右为粪臭素结构式

人们对于苯、对于“芳香性”的理解也是在不断发展的，迄今为止，仍有许多层神秘的面纱笼罩在苯和芳香化合物之上，等待着人们的探索。

1.8 碳基的地球和生命

我们所生活的星球——地球，从内到外可以分成地核、地幔和地壳三部分。我们把这三部分称作地球的内部圈层。

而离我们近一些的地球的外部圈层，则可以划分为大气圈、水圈和生物圈。71% 的地球表面被水所覆盖，再向外就到达了大气圈，地球的大气由 77% 的氮气、21% 的氧气与微量的氩、二氧化碳和水组成。

碳基的地球生物圈

相较于水圈和大气圈，生物圈就比较特殊。生物圈的定义是："地球上所有生物及其生存环境的总和"，可见生物圈并非独立于其他各个圈层，而是生物界与水圈、大气圈和土壤岩石圈长期相互作用的结果，是一个触角遍布地表的大网络，其复杂程度不亚于当今的互联网。

研究清楚地球的各个圈层之后你会发现，在地球的大部分圈层中，我们的主角"碳"元素出现得并不是很多。水圈中当然没有碳元素，大气圈中只有少量的二氧化碳的身影。那么地核、地幔、地壳是不是很有可能有碳呢？非常遗憾，同样没有。

地球最主要的元素有铁、氧、硅、镁，仅这四种元素就占据地球总元素的 90% 以上，它们主要以硅酸盐矿物和金属的形态存在于地球的内部圈层中：地核可能大多数由铁组成；地幔主要是硅、镁、氧、铁、钙、铝等元素；地壳主要由硅的氧化物和硅酸盐等组成，同样一点儿碳的影子也没有。

事实上，正是生物圈给了碳元素大显神通的机会。

生命体的基础单元是各种各样的有机小分子，如氨基酸、核苷酸、糖类。它们均是以碳链为主要骨架的小分子化学物质。

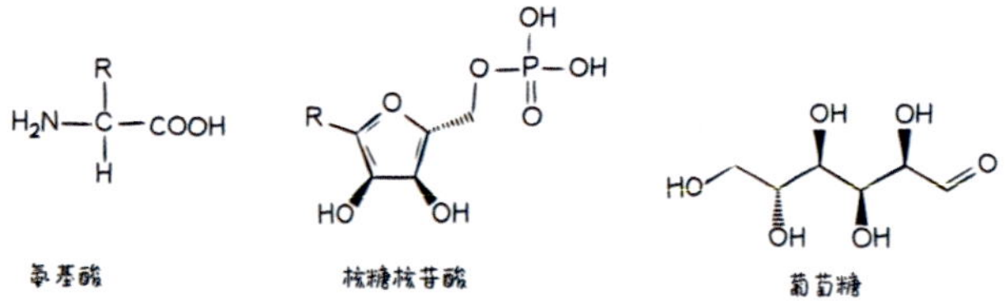

图 1-10　氨基酸、核糖核苷酸和葡萄糖

这些小分子物质的碳链再通过共价键连缀，形成碳链骨架更长的大分子物质，如蛋白质、多糖和核酸。这些有机大分子物质再行使各种各样的生物功能，维持生命体的基本活动。

这些以碳链为骨架的生物分子其实在地球早期海洋时代就已出现，但真正意义上“生命”的出现还有赖于一个“边界”将属于生命体的这些物质与环境中的其他物质分隔开。

“生命的边界”——细胞膜的基本骨架是磷脂双分子层，磷脂由脂肪酸、磷酸、甘油或鞘氨醇结合而成，除磷酸外，其他几种分子的主链均是碳原子连接而成的碳链。

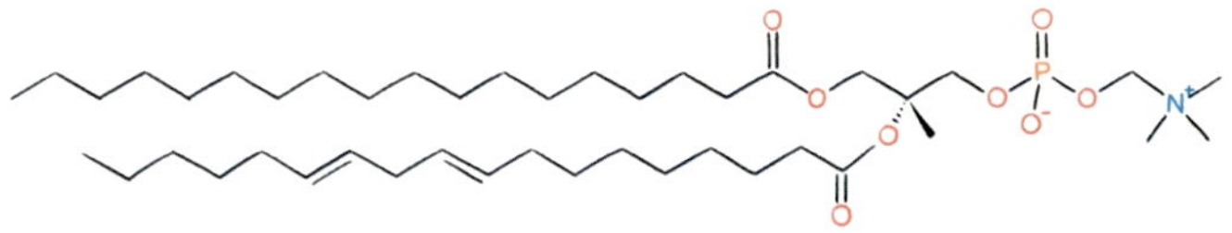

图 1-11　真核动物细胞膜的主要成分——磷脂酰胆碱（卵磷脂）

磷脂特殊的分子结构使它们聚集成的双分子层能够形成一个封闭的、有流动性的小球，上文提到的各种有机小分子物质在小球中展开生命的一系列基础活动。

地球上的元素有近百种，碳元素也并非最多的元素。但在茫茫元素世界中，生命选择了碳，但也是碳才造就了生物界繁衍不息的奇迹。

1.9　碳基的城市和文明

“文明”一词，在中文中与“野蛮”相对，早在西周时期思想界就有所谓的“文野之争”，整个人类的历史，就是从野蛮不断趋于文明的历史。

文明的起源有赖于生产力的发展，在大河流域集中体现为早期农业的发展。英文中文化一词对应的是“culture”，实际上，它也有一个意思是“耕种”。早期原始农业一个突出的特点是“刀耕火种”，是指使用简单的石制工具，砍伐地面上的树木等枯朽植物，晒干后用火焚烧。焚烧后，土地变得松软肥沃，燃烧产生的草木灰就可以作为肥料，为播种下去的种子提供充足的养分。

刀耕火种的碳酸钾（K_2CO_3）原理

刀耕火种产生的草木灰的主要成分是碳酸钾（K_2CO_3），是植物燃烧后剩余的无机盐。草木灰是作物良好的肥料。一方面，其中的钾元素被植物吸收后可以促进其生长和发育；另一方面，碳酸钾溶解在水中后解离出碳酸根离子，碳酸根发生水解呈现碱性，能够起到调节土壤酸碱度的作用，维持植物的良好状态。

其反应过程是：

$$CO_3^{2-}+H_2O \longrightarrow HCO_3^-+OH^-$$

$$HCO_3^{2-}+H_2O \longrightarrow H_2CO_3+OH^-$$

农业的发展使人们从狩猎采集转为农业生产，让人们能够定居下来，从而形成更稳定且复杂的社会结构，形成村庄和城市。

时间回到近代，工业革命是另一个标志着人类社会和文明大飞跃的里程碑。碳元素在其中同样扮演着不可或缺的角色。

蒸汽机的发明和使用极大地增加了对煤炭的需求，因为煤炭燃烧产生的蒸汽可以为汽轮的转动提供动力，驱动机械生产活动。因此，煤炭被称为“黑色的金子”“工业的食粮”。煤炭是古代植物的遗体经历复杂的生物化学变化后形成的可燃性固体。碳、氢、氧是构成煤炭有机质的主要元素，其中碳和氢就是燃烧时提供热量的元素。煤化程度是衡量煤炭质量的重要指标，煤炭中碳元素的含量越高，煤化程度就越高，煤炭的质量也就越好。

在工业革命中，铁是另一种重要的生产资料。纯铁需要从铁矿石中提炼出来，铁矿石的提炼涉及的化学反应如下：

$$2C+O_2 \longrightarrow 2CO$$

$$Fe_2O_3+3CO \longrightarrow 2Fe+3CO_2$$

$$Fe_3O_4+4CO \longrightarrow 3Fe+4CO_2$$

其中的碳元素就来源于焦炭，其燃烧产生的一氧化碳将铁的氧化物还原，得到金属铁。

农业文明和工业文明是迄今为止人类经历的最漫长、最重要的文明形式。生产力的发展推动了人口的集中和城市的发展，在城市中，碳元素还出现在我们生活的方方面面：汽车行驶需要以碳链为骨架的汽油；煮饭烹饪需要的天然气的主要成分是甲烷（CH_4）；我们经常使用的塑料制品是聚乙烯、聚丙烯等。

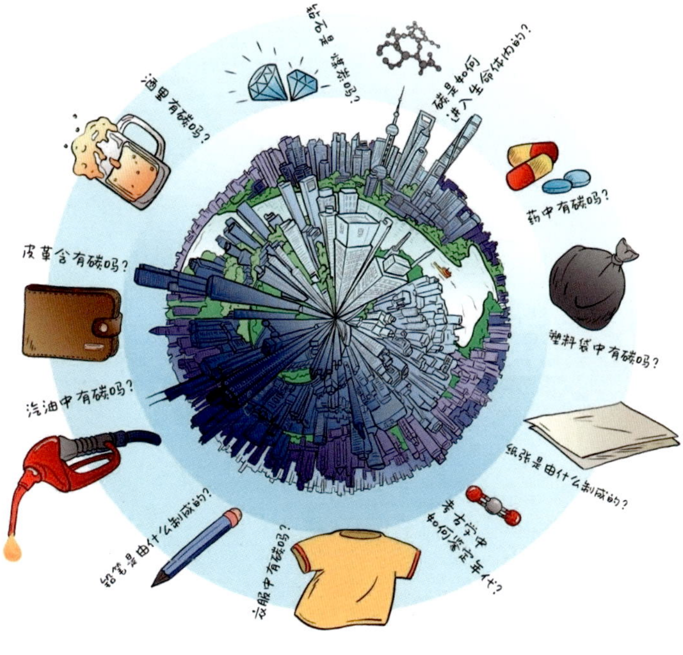

图 1-12　无处不碳

第二章

二氧化碳如何产生温室效应

学习目标

1. 了解天空为什么是蓝色的。
2. 紫外线和红外线在加热中的不同作用。
3. 为什么高处不胜寒？太阳光的热量为什么不能直接加热大气？
4. 温室效应的好处和坏处。
5. 水蒸气重要吗？
6. 二氧化碳是污染物吗？
7. 生活中还能看到哪些温室效应？

2.1 天空为什么是蓝色的：解密天空的调色板

抬头仰望白日晴空，头顶的苍穹总是湛蓝如洗，但是大气无色透明，宇宙背景一片漆黑，人们看到的蓝色究竟源自何处？这一切都要从空气分子与太阳光的相互作用说起。

太阳是浩瀚宇宙中距离地球最近的一颗恒星，亘古至今源源不断地给地球送来温暖与光明。太阳辐射的能量以电磁波的形式输送到地球，其中一部分电磁波可以被人眼分辨，称为“可见光”，其波长在380～760纳米，按波长由长到短依次划分为红、橙、黄、绿、蓝、靛、紫七种颜色。

这七种色光的波长不同，性质也不同，它们混合在一起沿同一路线传播时会共同表现为白光，传播过程中若遇到“障碍物”，则会因性质不同而与“障碍物”发生不同的相互作用，各自的传播路线发生不同程度的偏折，进而“分道扬镳”，显现出自身原有的色彩。三棱镜便是这样一种“障碍物”，它利用七色光在棱镜中折射率的不同，使七色光发生不同角度的偏折并将偏折结果保留下来，从而将入射的白光转化为彩虹条带。

大气中飘浮着大量空气分子、微小水滴、冰晶、气溶胶粒子、尘埃等，它们是阻碍光线在大气中传播的“障碍物”，能够起到改变光路、分离七色光的作用。在晴朗无云、空气洁净的白天，大气中的水滴、颗粒物等大尺寸粒子含量极少，太阳光穿过大气层时主要与小尺寸的空气分子发生相互作用，这种相互作用以瑞利散射（又称“分子散射”）为主。

天空为什么是蓝色的？——瑞利散射

瑞利散射强度与光的波长的四次方成反比，因此七色光中波长较短的蓝紫光比波长较长的红光的散射现象更明显。在空气分子的强烈散射作用下，蓝紫光被散射到各个方向并弥漫整片天空，使人眼能够接收到从天空各处洒落下来的蓝紫光信号。又因为人眼对紫光不敏感，对蓝光的感知力更强，所以人眼中的天空呈现蔚蓝色。

图 2-1　一个小孩子问天空：你为什么是蓝色的？

而日出、日落时分，太阳光到达地表所需要穿过的大气厚度约为正午时的 40 倍。在长途跋涉过程中，容易发生散射的蓝紫光早早地被空气分子散射掉，不容易发生散射的红色、橙光则能够保持原本的传播方向，穿越厚厚的大气进入人的眼睛。因此日出、日落时，天边的朝霞、晚霞总是火红、金橘、紫粉交织，缤纷绚烂、瑰丽无比。

图 2-2　紫粉交织的晚霞

2.2　紫外线和红外线的热效应：晒太阳感受到热是红外线的功劳?

太阳辐射的电磁波波长在 100 ~ 4 000 纳米，不仅包含波长为 400 ~ 760 纳米的可见光，还包含大量无法被人眼识别的紫外线和红外线。紫外线波长小于 400 纳米，比可见光中的紫光波长更短；红外线波长大于 760 纳米，比可见光中的红光波长更长。光的波长越短，频率就越高，能量也就越高，因此紫外区光子和可见光光子具有比红外区光子更高的能量。然而，人们晒太阳时感受到温暖却是红外线的功劳，与能量更高的紫外线和可见光关系反而不大，这是为什么呢?

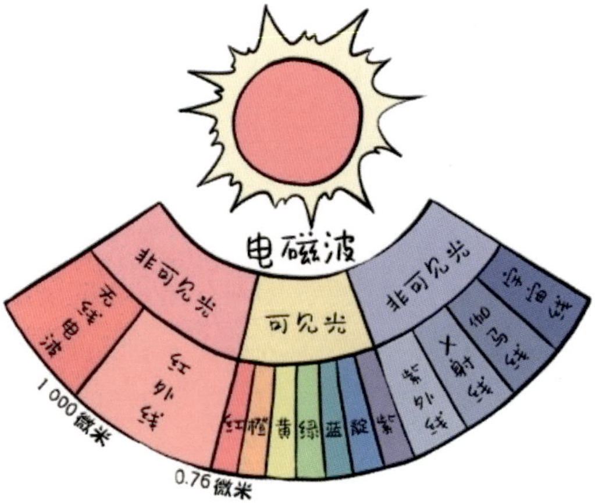

图 2-3　各种光的波长

原来，上文说到的“波长越短，能量越高”指的是单个光子的能量，而太阳光是由许多光子组成的，处于某波长的光子的数目越多，该波长的电磁波的总能量就越大。太阳辐射在抵达地球大气上界时，50% 的能量集中在可见光区，43% 分布在红外区，仅有 7% 分布在紫外区，这意味着紫外线在太阳辐射中只占少数。并且太阳辐射穿透大气层的过程中，大部分波长在 320 纳米以下的短波紫外线被臭氧层吸收，只余长波紫外线到达地表。臭氧层屏蔽掉 99% 以上的有害短波紫外线，使地表生命免遭高能紫外线伤害，被称为地球生命的“保护伞”。

经过大气吸收、反射、散射等作用后，传播至地表的太阳辐射强度和光谱能量分布均发生了明显改变：可见光区的能量占比减少至约 40%，红外区的能量占比增加至约 60%，而紫外区的能量占比已经近乎为零。

是红外线让我们感受到温暖

人们能接收到的可见光并不弱，但感受到温暖却主要是红外线的作用，这是因为红外线的振动频率更接近人体内水分子、有机分子的固有频率，可以与其发生共振。共振发生时，分子强烈吸收红外线的能量，使得自身状态跃迁到振动更快、能量更高的激发态，对应着更高的温度，使人们感受到“热”。由此可见，光子能量高不代表其热效应显著，只有当光子被物质分子有效吸收并激发出物质分子更激烈的分子热运动时，才能表现出明显的热效应。人们在阳光下穿黑衣服明显感到更热，便是因为黑色不仅可以吸收红外线，还可以有效吸收各色可见光的缘故。

2.3 太阳加热地球与大气保温作用

太阳是一个巨大的热核反应堆，在太阳核心每秒有 6.2 亿吨氢通过核聚变转化为氦，释放出的巨大能量以电磁波的形式穿越宇宙空间，到达地球。人们常用“太阳常数”描述到达地球大气层上界的太阳辐射能量，其数值为 1 361 ~ 1 357 瓦 / 米^2。

大气层对太阳的能量有什么影响?

太阳辐射到达地球大气上界后，需要穿过整个大气层才能到达地表。大气层中的云、水汽、空气分子、颗粒物等对太阳辐射进行吸收、反射和散射，显著削弱了太阳辐射强度。太阳辐射总能量中约 30% 被大气层反射回太空，约 20% 被大气层吸收，剩余 50% 穿过大气层到达地面，这 50% 的能量便是加热地面的能量源泉。

太阳辐射到达地表时，约 40% 的能量分布在可见光区，约 60% 的能量分布在红外区。红外线对大多数地面物质都具有强大的加热能力，可以通过与物质分子发生共振从而使物质温度升高。红外线中 90% 以上的能量用于加热海洋、陆地水体、土壤和地表植被等，其中由于水体比热容大、垂直对流能力强，吸收并储存了比陆地多 5 倍的热量。可见光的热效应不及红外线显著，仅有 35% ~ 40% 的能量被用于加热特定物质，如铺设马路所用的黑色沥青、含丰富赤铁矿的红壤。其余的可见光能量有更重要的用途——推动光合作用发生，为地球生命活动注入能量。

地面物质吸收太阳辐射升温的同时，自身也在源源不断地向外界辐射能量，它们发出的辐射被称为地面长波辐射。地面长波辐射位于红外区，无法被肉眼识别。当物体吸收与释放的能量相等时，便会达到辐射平衡，温度不再上升。如果只考虑地面与太阳的相互作用，则日一地系统达到辐射平衡时，全球平均地表温度应当在零下 18 摄氏度左右，远低于当前实际温度水平，这是为什么呢?

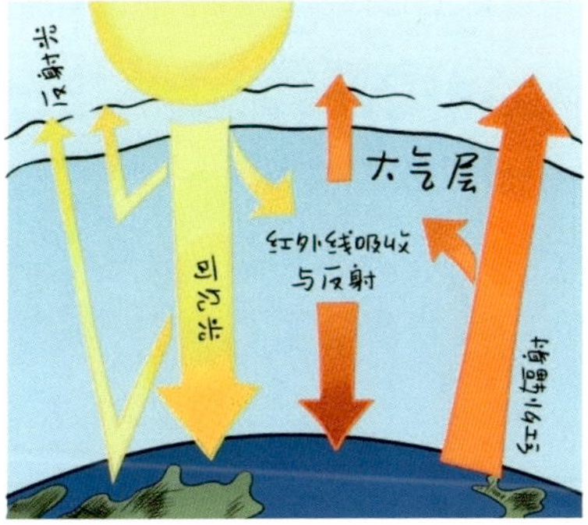

图 2-4 温室效应的原理

原来，地面长波辐射并不会完全射入宇宙空间，它们在穿过大气层时会被水、二氧化碳、甲烷等分子部分吸收，热量被保留在大气层中。大气层发出大气长波辐射，一部分射向宇宙空间，另一部分返还地面，对地面起到二次加热作用。因此，当日—地—气系统达到辐射平衡时，全球地表平均温度维持在 15 摄氏度左右，为生命活动提供了适宜温度。大气像一条毛毯一样包裹着地球，减少地球热量损失，这种保温作用被称为“温室效应”；大气中能够强烈吸收地面长波辐射、引起温室效应的气体，被称为“温室气体”。

2.4 温室效应有什么好处?

提到温室效应，你可能首先联想到全球气候变暖及其引发的一系列问题——森林大火、冰川消融、海平面上升……温室效应似乎被我们贴上了负面标签。实际上，这个让人谈之色变的自然现象，反而是地球生命延续至今的关键，就像我们冬天裹着棉被才能安睡一样，地球也需要这层“气体棉被”维持地球表面始终处于生命所需的温度。

没有温室气体，地球表面将会呈零下 18 摄氏度

地球大气层中自然存在的二氧化碳、甲烷等温室气体组成了“气体棉被”。一方面，它允许太阳短波辐射透过，加热地球表

面；另一方面，温室气体吸收地表发射的长波辐射，减少地球表面散热。因此，地球表面的平均温度得以长期维持在 15 摄氏度左右，我们和其他地球上的生命才能生存、繁衍。倘若没有这层“气体棉被”，地球表面温度将维持在约零下 18 摄氏度，连液态水都无法存在。

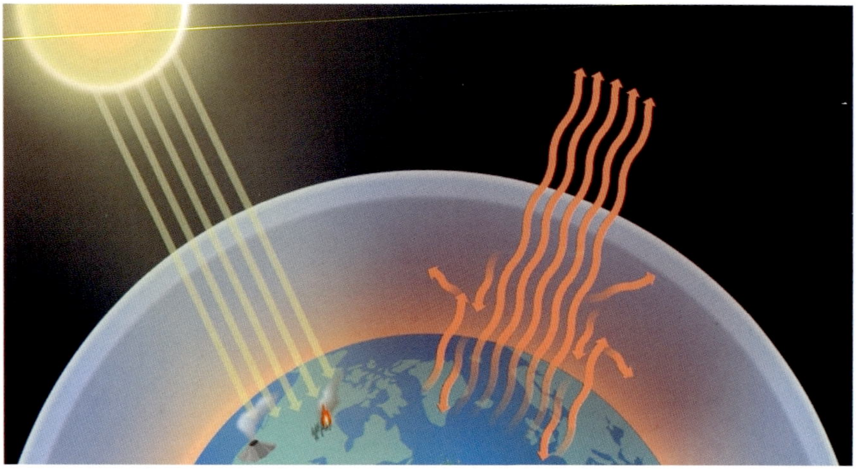

图 2-5　温室气体允许太阳短波辐射透过，部分截留地表发射的长波辐射（资料来源：美国国家海洋和大气管理局气候项目办公室，安娜•埃舍曼）

除了维持我们生命所需的温度，温室效应还有诸多其他好处。例如距今 5 600 万年前“古新世—始新世极热事件”中，在约 1 000 年到 50 000 年的时间内，有超过 10 万亿吨的二氧化碳进入大气，大气二氧化碳浓度从 800 ppm（parts per million, 百万分之一）迅速升高到超过 2 000 ppm，即一百万个空气分子中有 2 000 个是二氧化碳分子；工业革命前大气二氧化碳浓度约为 280 ppm，现在约为 420 ppm；不到 20 000 年的时间内，由于冰期—间冰期变化，温度变化超过了 10 摄氏度。正是这次温室效应引发的极热事件，催生了哺乳动物大爆发，为我们人类登场埋下了重要伏笔。

此外，温室效应对农业生产也有益处。我们知道，农作物的生长对温度有一定要求。我国温暖的南方地区可以种两季稻（每年播种和收获两次），甚至三季稻；相对寒冷的北方地区则只能种单季稻（每年播种和收获一次）。然而，温室效应带来的气候变暖使得我国国内的温度带向北迁移，即相对温暖的地区面积变大了（向北方扩张），这使得我国中南部一些原本只能种单季稻的地区可以种植两季稻了，水稻产量得到显著提升。

温室效应的后果是复杂的。在看到全球变暖导致的灾害的同时，我们也应当知道温室效应对人类的贡献，从而对温室效应有更加全面的认识。

2.5 温室气体还有哪些?

说起温室气体，很多人第一反应就是二氧化碳（CO_2）。确实，二氧化碳是温室气体中的“明星”，在全球变暖的讨论中频频出现。但你知道吗？温室气体并不只有二氧化碳，许多其他“选手”也在悄悄发挥作用。今天，我们来聊聊那些容易被忽略的温室气体，以及它们在全球变暖中扮演的角色。

什么是温室气体？简单来说，温室气体是一类能够吸收和释放热量（长波辐射）的气体。它们在大气层中像“棉被”一样，让地球表面始终维持适宜的温度。而当温室气体过多时，地球表面温度就会升高，也就是我们所说的全球变暖。

那么，除了二氧化碳，还有哪些温室气体呢?

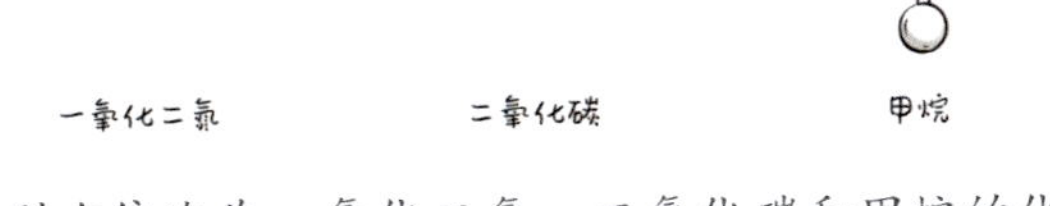

图 2-6　从左到右依次为一氧化二氮、二氧化碳和甲烷的化学分子结构

甲烷（CH_4），别名“碳烷”。尽管甲烷在大气中的寿命短于二氧化碳（在自然条件下，温室气体会被破坏或分解，但速度有快有慢），但它的“保暖能力”不容小觑。为了比较相同质量的不同温室气体的温

室效应强弱，科学家定义了全球变暖潜势值（global warming potential, GWP）。

相同质量的甲烷的温室效应是二氧化碳的 82.5 倍

在 20 年的时间长度上，甲烷的 GWP 高达 82.5（二氧化碳的 GWP 为 1，相同质量的甲烷在 20 年内产生的温室效应是二氧化碳的 82.5 倍）；即使在 100 年的跨度上，甲烷的 GWP 也有 29.8。自然界中的甲烷主要来自牲畜（如牛、羊等）的肠胃发酵及微生物在缺氧条件下分解有机物释放。此外，人类开采、运输石油、天然气的过程中也造成了部分甲烷气体的泄漏。

一氧化二氮（N_2O），俗称“笑气”，是一种弱麻醉剂。“笑里藏刀”的它也是一种强效温室气体，其 100 年 GWP 值高达 265。它的主要来源是农业，尤其是化学肥料的施用。土壤中的微生物也会分解氮肥产生 N_2O，释放到大气中。

此外，多种含氟气体，如氢氟碳化物（HFCs）、全氟碳化物（PFCs）、六氟化硫（SF_6）等，也是重要的温室气体。这些气体大多是我们人类工业活动的产物，曾被用作空调、冰箱的制冷剂和电力设备的绝缘气体。它们有着共同的特点——“持久”“高效”。在大气中，它们可以停留数百年至上万年，且 GWP 高达几千甚至上万。

虽然其他温室气体在大气层中的浓度远低于二氧化碳，但是因为它们有更强的暖化能力，在我们延缓气候变化的努力过程中，同样不能忽略这些气体的减排。

值得一提的是，水蒸气也是一种温室气体，甚至有人认为它是最重要的温室气体。

2.6 水蒸气是最重要的温室气体吗？

关于“水蒸气是否是最重要的温室气体”的争论从未停歇，也未曾达成共识。联合国政府间气候变化专门委员会（IPCC）报告曾指出，水蒸气是天然且强效的温室气体。

从对温室效应的贡献测算结果来看，水蒸气贡献最大，高达50% ~ 70%，而二氧化碳的贡献仅约20%。这一方面是因为水蒸气对长波辐射的吸收强烈；另一方面是由于大气中水蒸气浓度（0.25%）远高于二氧化碳（0.04%）。因此，一些人认为水蒸气是最重要的温室气体。但是，这种观点并不全面。

反对者指出，水蒸气的浓度变化是气候变化的结果而非原因，是温度升高导致了地表水的蒸发速度增加，进而使水蒸气浓度增加——就如同病人发烧会出汗，我们不能说是出汗导致了发烧。

此外，水蒸气还可以参与气候变化的负反馈调节——温度升高导致水蒸发加快，水蒸气在大气层中遇冷形成云，云量增加，加强对阳光的反射，更少的阳光辐射到地表，地表的热量吸收减少，温度下降。

更重要的是，人类活动几乎不会对大气中的水蒸气浓度产生直接影响。水蒸气浓度主要受到自然气候的主导。近年来，全球变暖的主要原因是人类活动大量排放二氧化碳气体，使大气中二氧化碳浓度从工业革命前的约280 ppm到如今的约420 ppm，增幅约为50%。因此，我们一般更加关注对二氧化碳这种温室气体的控制，减少二氧化碳的排放，乃至从大气中移除二氧化碳（就如同树在进行光合作用时会吸收大气中的二氧化碳一样）。

综上所述，水蒸气在温室效应中扮演的更像是主要“执行者”，而幕后的“决策者”是二氧化碳。水蒸气的循环是快速且动态的过程，随着地表水蒸发进入大气，随着降水回到地表，反反复复。相较之下，二氧化碳等温室气体被排放后能在大气中停留数百年乃至上千年。虽然水蒸气对温室效应的贡献最大，IPCC报告中还明确指出了水是最大的温室气体贡献者，但其浓度变化主要是响应温度变化，非直接由人类排放控制。因此，我们很难说水蒸气就是最重要的温室气体。

图 2-7　地球上水的循环

2.7　二氧化碳是空气污染物吗？

二氧化碳本身并不能算一种传统意义上的污染物。但随着人类工业的发展，二氧化碳的过量排放对环境产生了一系列负面影响，所以我们监测其各种效应时，也常将它视为一种污染物。

我们知道，从自然环境的角度来说，二氧化碳是地球大气中一种重要的组成部分。按体积计算，二氧化碳在正常空气中的占比为0.03% ~ 0.04%。人、动物和植物的呼吸，都会自然地产生二氧化碳；同时，在火山喷发、海水脱气、动植物遗体分解等自然过程中也会有二氧化碳进入大气。海洋是地球上最大的二氧化碳储库，昼夜不息地吸收和释放二氧化碳。二氧化碳还是植物进行光合作用的原料——植物通过光合作用吸收二氧化碳、释放氧气，同时合成有机物用于自身的生长，是维持大气中的碳氧平衡的关键。

二氧化碳不是空气污染物

与一些常说的污染物相比，二氧化碳对人体健康的直接影响较小，它既不像可吸入颗粒物那样会增加患呼吸道、心血管疾病的风险，也不像一氧化碳那样对血液有直接的毒害作用。因此从这个角度来看，在正常浓度下，二氧化碳可以称得上是维持地球生态系统正常运转的重要物质，并不能说是一种污染物。

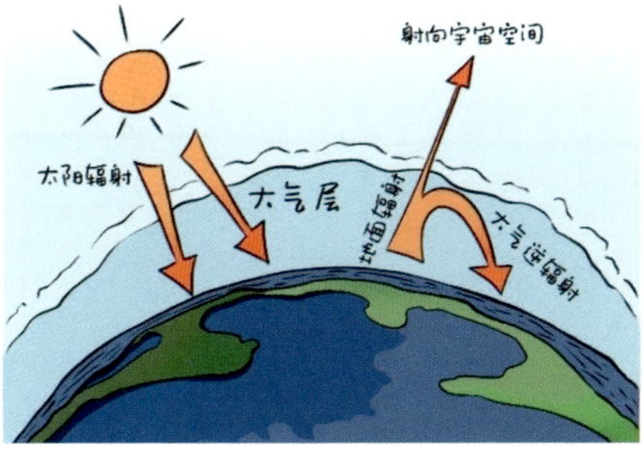

图 2-8　温室效应示意图

2.8　生活中还有哪些“温室效应”？

生活中有许多现象与温室效应有类似的原理或表现形式，具有吸收热量且热量难以散发的特性。

温室大棚是温室效应原理的直接应用。阳光可以通过透明的塑料薄膜或玻璃进入大棚，被土壤和植物吸收并转化为热量。热量以红外辐射的形式散发，但透明材料会阻挡部分红外辐射的逃逸。同时温室大棚也减少了水蒸气的流失，从而保持较高的温度和湿度，为植物生长提供适宜的环境。

图 2-9　温室大棚为什么不能阻止热量进入，却能阻止热量出去呢？

上海陆家嘴的玻璃幕墙建筑是“温室大棚”吗?

上海拥有众多现代化的玻璃幕墙建筑，特别是陆家嘴地区，如上海中心大厦、环境金融中心等。虽然它们的玻璃幕墙很漂亮，夜景璀璨，但这一玻璃幕墙建筑在结构和功能上与温室大棚有一定的相似之处。它们都通过透明或半透明的材料（如玻璃）来吸收和传递太阳辐射。

在夏天，玻璃幕墙建筑内部会积聚更多来自阳光的热量，一般需要消耗更多的能源用于制冷。那么，从温室效应的原理出发，有哪些设计和技术手段可以避免这个问题呢？相反，在冬天，这种情况是很划算的，可以减少空调的能耗。

在炎热的夏天，停在阳光下的汽车内部温度比外界高很多。这是因为阳光透过车窗进入车内，车内空气和物体吸收热量。这些热量以红外辐射的形式散发，但车窗玻璃会阻挡部分红外辐射的逃逸，导致热量在车内积累。在极端高温下，车内温度甚至可能飙升至 70℃以上，短时间内就可能引发热射病，危及生命。

在阳光直射下，一个封闭的小房间的温度会比开放空间更高。这同样是因为热量进入房间后难以散发。在冬天，我们可以利用这一原理来提高室内温度，实现取暖效果。例如，河北一些农村居民会将自己的自建房朝阳的一面安装双层大玻璃，增加阳光进入的同时也能减少红外辐射的逃逸。一般情况下，由于高度密集的人类活动，城市地区的大气温度通常比周边农村地区高，这称为城市热岛效应。热岛效应使城市地区的温度通常比周边农村地区高。低比热容的材质，导致快速升温，加速加热城市区域空气。因此，城市中的建筑物、道路等材料吸收大量太阳辐射并转化为大气热量。同时，城市中缺乏植被和水分蒸发冷却，高密度的建筑物和狭窄的街道阻碍了空气流通，减少了热量的散发，导致热量积累。此外，人类活动也会释放热量。

以上例子可以帮助我们更好地理解温室效应的原理，同时能让我们在生活中更好地利用或避免类似现象。

第三章

地球历史和温室效应

3.2 恐龙时代：地球温度与二氧化碳浓度的关系

恐龙时代主要对应中生代的三叠纪、侏罗纪和白垩纪。在这一时期，地球的温度和二氧化碳浓度之间存在密切关系。那么我们是如何知道恐龙时代的地球温度和二氧化碳浓度并讨论其相关性的呢?

恐龙时代的二氧化碳浓度是如何定量获取的?

目前，科学家定量获取恐龙时代的二氧化碳浓度主要有以下三种方式：一是通过研究同一时期形成的岩石，根据沉积岩中的碳同位素计算大气二氧化碳浓度；二是通过研究同一时期的植物化石样本，根据气孔特征等推断大气二氧化碳浓度；三是通过研究同一时期的动物化石样本，根据氧同位素和碳同位素计算大气二氧化碳浓度。在获取历史上二氧化碳浓度记录时，还有一种方法是通过冰芯中的气泡——其保存了与冰芯形成同时期的大气。但恐龙时代没有永久冰盖，只能研究更晚时期的冰芯获取此后地球气候的长期变化。

图 3-2　恐龙化石

整体上，恐龙时代的地球比现在更温暖，热带和温带地区的范围更广。二氧化碳浓度也远高于现代水平，估计在 1 000 ~ 2 000 ppm（2023 年约为 420 ppm）。恐龙时代的气候总体上属于“温室气候”。在恐龙发展繁盛时期，二氧化碳浓度从侏罗纪时期的 1 000 ~ 1 500 ppm 发展至白垩纪时期的 2 000 ppm，全球平均温度也从比现在高 5 ~ 10 摄氏度发展至比现在高约 12 摄氏度。科学研究表明，二氧化碳浓度的增加是导致恐龙时代高温气候的主要驱动力之一。

恐龙时代的气候研究表明，二氧化碳浓度与地球温度之间存在长期的因果关系。这一关系在现代气候变化中也得到了体现。当前，人类活动导致的二氧化碳排放正在加速全球变暖。

图 3-3　恐龙时代

3.3　火山爆发、小行星撞地球：影响地球温度的其他因素

地球的温度与大气中的温室气体浓度紧密相关，但除此之外，还有很多影响地球温度的因素，火山爆发和小行星撞地球是其中的典型代表。

火山爆发对全球气温的影响主要通过喷发释放的物质改变大气辐射平衡和能量分布，从而导致短期冷却和长期升温。巨型火山爆发释放的二氧化硫在平流层中与水蒸气反应生成硫酸气溶胶微粒。这些微粒具有很高的反射率，可将部分太阳辐射反射回太空。硫酸气溶胶微粒可在平流层停留 1 ~ 3 年，因此冷却效应通常持续数年。火山爆发还会释放二氧化碳等温室气体。不过，相较人类活动的二氧化碳排放，火山释放的量很小，对长期气候的影响有限。

火山爆发和小行星撞击地球对全球气温的影响

1991 年菲律宾吕宋岛的皮纳图博火山爆发，释放了约 2 000 万吨二氧化硫，使得全球气温在 1991—1993 年下降了约 0.5 摄氏度，是 20 世纪对气候影响最显著的火山爆发之一。

约 6600 万年前，一颗小行星撞击在今天的墨西哥尤卡坦半岛，形成了希克苏鲁伯陨石坑。撞击后全球气温在数周到数年内降温 10 摄氏度以上。生物光合作用停止，食物链崩溃，恐龙等物种灭绝。随后因温室气体累积和地表反射率下降，全球又逐渐进入温室气候。

图 3-4　火山爆发

与火山爆发类似，小行星撞击产生的巨大爆炸也会导致全球范围的尘埃和气溶胶层形成，使地表接收的太阳辐射急剧减少，类似“火山冬天”，但强度远超任何火山爆发。随着时间的推移，尘埃和气溶胶开始沉降，大气透明度逐渐恢复，地表重新接收到太阳光。同时，撞击导致的全球性森林火灾和植被破坏释放了大量的二氧化碳，海洋生态系统遭到破坏，又释放大量甲烷，这些温室气体进一步加速了气温回升。因此，在撞击后数千年内，全球气温可能超过撞击前的水平。

全球变暖是人类面临的主要气候问题，能不能通过这种短期冷却效应让地球降温呢？目前已有大量研究人员对这样的地球工程开展研究，例如向云层中喷洒硫酸盐颗粒，形成一层能反射太阳光的荣格层。但由于工程庞大，不确定因素过多，目前仍处于理论阶段。

3.4 工业文明以来二氧化碳排放与全球变暖

在地球的演化历史中，大气温度和二氧化碳浓度也曾由于各种各样的自然因素几经变化，为什么当今气温的上升却引发了大家的担忧呢？这要从工业革命以来人类活动对自然界日益增强的影响说起。

16—19 世纪，自然科学和技术不断进步。1776 年，詹姆斯 · 瓦特改良出了第一台具有实用价值的蒸汽机。瓦特的蒸汽机最早被用于纺织业，作为纺纱机的驱动力。伴随蒸汽机的发展，工业革命在 18 世纪末于英国萌芽并迅速在欧洲大陆和美国等地区生根发芽，各地工业化程度提高，工业文明在全球范围内逐渐建立。

图 3-5　化石能源的燃烧

化石能源仍然是人类一次能源的主要来源

由于蒸汽机需要燃烧煤炭产生的蒸汽作为动力，20 世纪以来内燃机、汽车工业兴起，石油成为主导能源。并且工业化进程也促进了世界经济发展和人口增长，进一步增加了对煤、石油等化石燃料的使用需求。2020 年，化石能源仍占全球一次能源的 84%，其中石油占 31%，煤炭占 27%，天然气占 26%，人类在 200 多年的时间内消耗了地球 2.6 亿年积累的化石碳，使化石能源面临着枯竭的风险。

除此之外，化石能源在燃烧过程中还会排放大量的二氧化碳、甲烷和氧化亚氮等温室气体，其中二氧化碳是最主要的温室气体。据估算，1850—2017 年，人类消费化石能源已经排放 1.5 ~ 2.1 万亿吨二氧化碳，而大气中的二氧化碳浓度也从工业革命前的 280 ppm 增长到 2025 年的 430 ppm。二氧化碳等温室气体在大气中的浓度逐渐增加，使大气的温室效应增强，对地球的保温效果也变强，地球的温度不断上升，变得越来越温暖。

当前，人类对于全球变暖的促进作用已经远超出自然因素下气温变化水平。可以说，当今全球气候变化主要是由于工业文明以来人类大量排放二氧化碳等温室气体造成的。

3.5　前所未有的二氧化碳排放与全球迅速升温

自工业文明以来，人类已经排放了大量的温室气体。前面我们讲到，工业革命前大气中的二氧化碳浓度为 280 ppm，但是在 2023 年已经达到 420 ppm，增长了 50%。从图 3-6 中我们也可以看出，在工业革命开始之前，全球每年的二氧化碳排放量约为 1 000 万吨。但是随着化石燃料被广泛使用，二氧化碳排放量迅速增长，并在 2023 年达到 378 亿吨，增加了约 4 000 倍，这样的人为二氧化碳排放量在人类历史上是前所未有的。

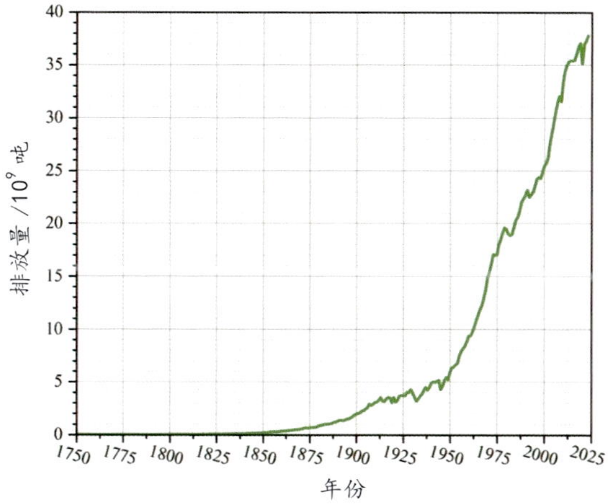

图 3-6　近 300 年来全球二氧化碳年度排放量趋势

二氧化碳等温室气体的大量排放导致全球温度不断上升。科学家根据地球历史气温的变化和各种气温影响因素建立了气温预测模型，发现模拟出的自然影响下气温变化平稳，通常在 0.3 摄氏度之内。而模型加入人为影响因素后模拟出的气温变化与当下气温变化趋势较为吻合。有研究表明，20 世纪 70 年代之后地球平均气温加速上升。也是从那时候开始，人类活动对于气温的影响超过了自然因素对于气温的影响，成为全球变暖的主因。尽管人为因素和自然因素都会对气候变化产生影响，但是，各种模型和研究表明 1970 年后人为因素对全球变暖的影响超过 50%。

当下，无论是大气中的二氧化碳浓度水平还是气温变化速度，都在地球历史上前所未有，这也深刻影响了整个气候系统状态和变化尺度。IPCC 在第六次评估报告中指出，地表温度从 20 世纪 70 年代以来的增幅超越了过去 2 000 年间任何 50 年的气温增幅，而 20 世纪全球海平面平均高度大于 3 000 年以来任何 50 年，2011—2020 年，北极的海冰面积也是 1850 年以来的最低值——我们的地球家园正在发生急剧而深刻的变化。

3.6 竺可桢的研究：温暖期都是盛世来临吗？

气候变化，全球变暖，是通向盛世还是末世呢？浙江大学竺可桢先生于 1972 年在《考古学报》上发文，指出近 5 000 年中的最初 2 000 年，即从仰韶文化到商朝末期，大部分时间的年平均温度高于现在 2 摄氏度左右。

由图 3-7 可见，气候变暖时期（如夏商周和唐宋）通常伴随农业发展、人口增长、社会繁荣。气候寒冷或干旱时期（如魏晋南北朝、明清小冰期）往往与社会动荡、王朝更替有关，如北方游牧民族南迁、战乱加剧等。从这一角度看，温暖期确实都是盛世的来临。但是，不能仅凭历史规律作出判断。

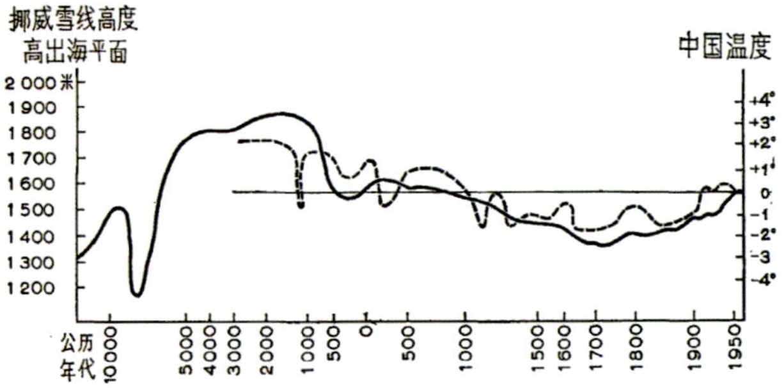

图 3-7　1 万年来挪威雪线高度（实线）与 1950 年前 5 000 年中国温度（虚线）变迁（图片来源：竺可桢．中国近五千年来气候变迁的初步研究 [J]．考古学报，1972(1)：15-38.）

竺可桢先生的坦言

竺可桢先生是著名的地理学家和物候学家。1936 年竺可桢就任浙大校长后，决定以“求是”为校训，灵感来源于哈佛大学校训“Veritas”（拉丁文，意为“真理”）。“何谓求是（Faith of Truth）？所谓求是，不仅限于埋头读书或是实验室做实验。求是的路径，《中庸》说得最好，就是：‘博学之，审问之，慎思之，明辨之，笃行之。’单是博学审问还不够，必须深思熟虑，自出心裁，独具只眼，来研辨是非得失。”

在上文中，竺可桢复原了中国古代 5 000 年的温度情况，但他在文章中也坦言，自己所做的仅仅是一名小学生的试探，误解和矛盾是难免的。这正是“求是”的态度。

人类进入工业化时代后，全球年平均气温的增长幅度在人类文明的历史中并不算大，但增长速度是前所未有的。同时，历史上的温暖期受太阳黑子、地球轨道、地壳运动等诸多复杂未知因素影响，近现代以后，全球变暖的原因是明确的，即人为活动导致的大量温室气体排放。因此，近现代以来的全球变暖与以往不同，应当引起我们的重视。

此外，竺可桢先生的研究仅局限于中国，但不同地域的气候不同，温暖期到来后的影响也不同（北欧、加拿大等寒冷地区的农业生产可能因此受益；低洼岛屿和沿海城市面临被淹没的风险），因此，温暖期是否会迎来盛世要视具体情况而定。

地球的温度在地质历史中有过剧烈变化，经历了高温的火山活动期、温暖的生命繁盛期、寒冷的冰期等多个阶段。三叠纪到白垩纪：这个时期温暖且二氧化碳浓度较高，全球温度普遍较高。白垩纪的全球平均温度为 25 ~ 30 摄氏度，比现代温度高 10 ~ 15 摄氏度。第四纪冰期（过去 250 万年中的冰期）的冰期旋回时，全球平均温度比现在低 4 ~ 6 摄氏度。相比起来，人类出现以来地球温度的变化可谓微不足道。地球的调节能力远超我们的想象，但人类的适应能力极为有限。面对全球变暖，与其说拯救地球，不如说是人类在拯救自己。

3.7 温室效应的现状和严重性

当我们在寒冷的冬天裹着厚厚的衣服走在街头时，地球也穿着一层看不见的“外套”，这就是含有温室气体的大气。随着温室气体浓度的增加，地球的外套也越来越厚，让地球变得越来越热。

在前面的章节中讲过，大气中的二氧化碳浓度从工业革命前的 280 ppm 增长到 2023 年的 420 ppm，1880 年至今地球的平均温度已经上升 1.1 摄氏度。虽然我们很难察觉到这样的温度变化，但这并不意味着全球变暖与我们的日常生活无关。事实上，地球温度上升会在方方面面给我们的日常生活带来改变，甚至会威胁到人类的正常生存。如果人类不采取减排措施，到 2100 年全球温度将会比工业化前高 3.7 摄氏度。接下来，我们将带领大家从两个方面来具体感知温室效应的现状和严重性。

图 3-8　穿着温室气体“外套”的地球

漂浮的海冰融化会导致海平面上升吗?

在全球变暖的情况下，海冰会加速融化，极端天气更加频繁出现。海冰是高纬度地区海面上无陆地附着的浮冰，在北冰洋和南大洋广泛分布。值得一提的是，由于海冰本身漂浮在海洋上，其融化并不会导致海平面上升，而是会改变局部地区海气通量交换，影响当地气候。同时它也会改变地球对于太阳光的吸收程度，使得全球的能量分布发生改变，从更大尺度上对气候产生影响，使高温和热浪等极端天气频发。

全球变暖导致海平面不断上升。例如，位于北冰洋和大西洋之间的格陵兰岛上的冰盖季节性融化加剧，一年中融化的天数也在增加。除此之外，南极大陆上的冰盖也在快速变薄，陆缘冰架垮塌也更为频繁，这些都会导致原本位于大陆上的冰体进入海洋，导致海平面上升。20 世纪以来，全球海平面上升了 10 ~ 20 厘米。如果人类继续高碳排放，到 2100 年全球平均海平面将上升 2 米，到 2200 年可能上升 7 米。这意味着外滩的万国建筑群将浸泡在水中，上海迪士尼乐园的城堡地基也会被淹没。

3.8 IPCC：全球如何应对气候变化

IPCC 是联合国环境规划署（UNEP）和世界气象组织（WMO）共同设立的一个国际组织，成立于 1988 年。其主要任务是评估全球气候变化的科学基础、潜在影响，以及减缓和适应气候变化的策略与政策。IPCC 于 2021 年 8 月发布的最新报告（通常是其第六次评估报告，以及一些后续的专题报告）对气候变化问题提出了更为严峻的警告，强调了气候变化的影响已经是前所未有的，且人类活动是气候变化的主要驱动力。

《联合国气候变化框架公约》

《联合国气候变化框架公约》（*United Nations Framework Convention on Climate Change*, UNFCCC）是 1992 年 5 月 22 日联合国政府间谈判委员会就气候变化问题达成的公约，于 1992 年 6 月 4 日在巴西里约热内卢举行的联合国环境与发展大会上通过。UNFCCC 是世界上第一个为全面控制二氧化碳等温室气体排放，以应对全球气候变暖给人类经济和社会带来不利影响的国际公约，也是国际社会在应对全球气候变化问题上进行合作的一个基本框架。公约于 1994 年 3 月 21 日正式生效。

图 3-9 《联合国气候变化框架公约》（UNFCCC）的标识

根据IPCC第六次评估报告，全球应对气候变化需要采取紧急、系统和广泛的行动。首先，必须大幅减少温室气体排放，特别是减轻对化石燃料的依赖，转向可再生能源，提升能源效率，推动低碳交通和农业，并发展碳捕捉与存储技术。其次，要增强适应气候变化的能力，通过提升基础设施的韧性、改善农业和水资源管理、保护和恢复生态系统来减少气候变化带来的负面影响。再次，全球各国必须加强合作，通过国际气候协议和气候金融支持，帮助发展中国家应对气候变化。发达国家应履行承诺，提供资金和技术援助，推动全球气候治理。各国还需要制定和实施科学的气候政策，推动绿色经济转型，推动低碳技术创新，并在全球范围内共享气候数据和知识。最后，公众的参与和教育也至关重要，只有在全球各界的共同努力下，才能有效应对气候变化的挑战，确保全球变暖得到有效控制。

值得一提的是，IPCC的评估对全球气候政策制定至关重要。著名的《巴黎协定》的核心目标是应对气候变化，确保21世纪全球平均气温较前工业化时期上升幅度控制在2摄氏度以内，并努力将升温幅度限制在1.5摄氏度以内。IPCC的评估报告在其形成和实施过程中起到了至关重要的作用。

第四章 气候变化的后果

学习目标

1. 了解全球变暖的趋势。
2. 海平面上升对上海市有影响吗?
3. 气候变化导致的冰川融化。
4. 极端天气包括降水和干旱的影响。
5. 二氧化碳溶解到海水中有什么后果?
6. 全球变化对生态系统的影响。
7. 全球变暖有好处吗?

4.1 全球变暖：1.5 摄氏度的警钟已经敲响

为了共同应对气候变化，2015 年的《联合国气候变化框架公约》第二十一次缔约方会议通过了具有法律约束力的国际气候变化协定——《巴黎协定》，提出控制全球变暖的主要目标是“将全球平均气温升幅控制在工业化前（1850—1900 年）水平以上的 2 摄氏度内，并努力将气温升幅限制在工业化前水平以上的 1.5 摄氏度以内”。而在 2025 年 1 月 10 日，世界气象组织宣布确认 2024 年是有记录以来最热的一年，全球平均地表温度比工业化前水平高出（1.55 ± 0.13）摄氏度，首次打破《巴黎协定》的 1.5 摄氏度“警戒线”。过去的十年里，全球年平均气温的数字节节攀升，大气中温室气体含量不断增长，一切数据与事实表明，全球变暖早已不再是遥远的预警，而是正在发生的现实危机！这场气候危机正无孔不入地冲击着人类社会，在经济、生产、文化、健康、社会秩序等各个方面带来新的挑战。

上海一所医院半个月内拯救 23 名热射病患者

2024 年 7 月初至 7 月 18 日上海市浦东医院急救重症科陆续抢救了 23 名热射病患者。这些热射病患者中，大多年龄在 40 ～ 70 岁，有的暴露在高温环境下进行长时间室外工作后倒地，被发现时出现意识障碍情况，体温在 42 摄氏度及以上。

值得重视的是，中暑并非仅在户外高温环境下发生，近年来室内中暑的案例屡见不鲜。因此，无论在户外还是室内都应保持警惕，避免长时间暴露在高温高湿环境中。

全球气候变暖直接威胁着人类的生存与健康。2024 年，印度遭遇了史上持续时间最长的高温侵袭，仅 5 月全国便有 46 人直接死于热射病，605 人死于极端高温引发的心血管疾病，高温还导致首都新德里等大城市面临严重的电力短缺和供水短缺；在非洲，高海拔地区逐渐变得温暖湿润，疟原虫和传播寄生虫的生存空间以每年 6.5 米的速度向高海拔地区爬升，亿万居民被迫暴露在疟疾的威胁之下。全球平均气温 1.5 摄氏度的涨幅，作用于特定时间、特定地区、特定人群，便可能是一场巨大的灾难，威胁着人类的安全与健康。

必须明确，单一年度的温度升幅超过 1.5 摄氏度并不意味着《巴黎协定》已无法实现，因为长期温度目标是以几十年而不是单一年度来衡量的，人类应当坚持遵守《巴黎协定》，继续致力于全球升温控制目标。同时我们必须认识到，地球每升温 0.1 摄氏度都事关重大，每一份额外增量都会对人类的生产、生活乃至生存造成不可控的影响。守住 1.5 摄氏度升温警戒线，保护的不仅是地球，更是人类自身生存与发展的生命线！

4.2 海平面上升：对人类生存空间与文明韧性的双重压迫

海平面上升是气候变化语境下的重要议题，是全球气候变暖作用下的直接结果。有卫星测高记录以来，1993—2024 年，全球平均海平面上升幅度达 12.3 厘米，海平面上升速度由 1971—2018 年的每年上升 2.3 毫米增长到 2006—2018 年的每年上升 3.7 毫米，而 2024 年单年全球平均海平面升高 4.8 毫米，创下了卫星观测数据的历史最高纪录。

在影响海平面上升的诸多因素中，海水热膨胀贡献约 50%，两极冰盖、陆地冰川融化贡献约 42%，是导致海平面上升的两大主要影响因素。冰川冰盖融化、海水热膨胀与全球气候变化密切相关。气候变暖加速了两极冰盖消融和陆地冰川融化，直接向海洋注入巨量冰川融水。据统计，格陵兰岛 2024 年夏季的冰盖损失量达 4 810 亿吨，全年流失的冰量足以填满 720 万个标准游泳池。与轰鸣中消逝的冰川不同，海水热膨胀效应悄无声息，其作用结果却同样惊人。根据最新的联合国教育、科学及文化组织发布的《2024 年海洋状况报告》，2024 年全球海洋表面平均温度达到历史峰值 20.96 摄氏度，较 20 世纪基准值升高了 4.02 摄氏度。而全球海洋表层水温每升高 0.1 摄氏度，海水受热膨胀产生的体积增量就相当于 80 个三峡水库的蓄水量，是全球海平面上升的重要推手。

海平面上升压缩了人类赖以生存的陆地空间，对沿海城市、农田和生态系统造成巨大侵害。据 IPCC 预测，若持续保持最大碳排放速率，至 2100 年全球平均海平面上升幅度将很有可能突破 2 米，届时上海、天津、青岛等沿海城市均会遭受“海水进城”的威胁。海平面上升不仅是水的问题，更是盐的问题。海水入侵将加速沿海低地的土壤盐碱化进程，对土壤酸碱度、含盐量等理化性质造成不可逆转的破坏，威胁农业生产和生态稳定。海平面上升还会对国际秩序、民族关系、社会结构造成巨大冲击，考验着人类文明的韧性。

冰川轰然崩塌，海水无声涨起，一切遏制气候变暖的减排措施都刻不容缓！切莫等到海水围城的那一天，到那时人们能做的只有对着茫茫海水哀叹！

海平面上升对上海市有影响吗？会淹没吗？

上海市位于长江入海口，是长江泥沙淤积形成的河口三角洲。因此，上海市的平均海拔约为 4 米，境内低洼的青浦部分地区海拔仅 2 米。沿海堤防高度约 5 米，黄浦江外滩段的防汛墙高度约 6.13 米。

如果海平面上升，上海显然会受到重大的影响，甚至需要人造高地和山峰才能不被海水淹没。海防和江防的压力会更大，如果出现大幅的海平面上升，市内很多地区，都会处于海平面以下。你知道你家所在地区的海拔高度吗？可能被淹没吗？建议与学校的同学和老师一起讨论。

图 4-1 海平面上升后的上海

4.3 南北极和冰川的融化为什么是全球环境问题？

在全球气候变暖的环境背景下，位于地球两端的南极、北极地区也在不断升温。2000—2024 年，北极圈的年平均气温上升了 3.5 摄氏度，南极洲西南极半岛的年平均气温上升了 2.9 摄氏度，远超全球升温水平的 3 倍。两极地区气候变暖加速了冰层融化。2024 年，北极海冰最小覆盖面积降至 318 万平方千米，仅为 20 世纪 80 年代的 37%；南极大陆附近阿蒙森海的冰流速度突破了 3.8 米 / 天，导致的冰盖年损失量达 1 500 亿吨。两极冰川的加速消融，是全球气候变暖最直观、最真实的写照。

两极冰川融化造成全球海平面上升，压缩了人类的生存空间，考验着人类文明的韧性。然而，两极冰川融化对人类生存环境和生产生活的影响远不止于此，两极地区的一切生态环境变化都可能通过环环相扣的食物链和食物网，以及自然界中水、土壤、大气的迁移扩散过程对极地圈外的世界造成改变，这不仅是两极地区的危机，更是一个全球性环境问题。

图 4-2 冰川融化

两极冰川融水注入海洋的影响

两极冰川融水注入海洋，影响洋流的形成，改变区域性降水与热量分配。洋流调配着水蒸气和热量的空间分布，在海水表层，洋流常常由温度高、含盐量少的低密度海域流向温度低、含盐量大的高密度海域。而两极冰川融化向海洋注入大量淡水，使表层海水含盐量下降，密度降低，无法正常形成洋流。2024 年 1—2 月，欧洲遭遇前所未有的寒冬，各国因供暖而纷纷“能源告急”，这正是因为格陵兰冰盖的消融破坏了北大西洋高盐度下沉流，阻碍了北大西洋暖流北上，使欧洲无法从暖流中汲取足够热量而导致的。

两极冰川融化破坏着极地生物的生存家园。在南极洲西部，冰架的崩解摧毁了冰藻群落的生境，它们的生物量在 2024 年骤减 68%。饥饿的磷虾幼体缺少食物，种群数量较 1990 年减少 80%。以磷虾为食的蓝鲸数量随之锐减，磷虾捕捞业也随之萎缩，一度导致全球 ω-3 脂肪酸供应链断裂——冰川消融的恶果经过食物链传递，威胁到了包括人类在内的地球顶级捕食者。

当两极冰川融化崩塌，发出震天动地的轰鸣，人类应当明白，这不仅是来自极地的呼救，更是为全球人类敲响的警钟。

4.4 极端干旱和降水灾害

科学家发现，过去 100 年全球平均气温上升了 1.1 摄氏度，看似微小的数字却像摇晃过的汽水瓶，引发极端天气的“喷发”。其中，极端干旱和降水灾害是最为显著的表现形式之一。这不仅对生态系统造成了严重破坏，还威胁到了人类的生存和发展。气候变暖一方面增强了大气容纳水蒸气的能力，另一方面增加了陆地和海洋表面的蒸发量，使得更多的水蒸气进入大气中，进一步增加了降水的可能性，导致降水强度的增加。在一些地区，蒸发量的增加超过了降水的补充，从而导致土壤湿度下降，水分流失，进而引发干旱。而在另一些地区，大量水蒸气被蒸发后，被大气环流带到其他地方，为降水提供了更充足的水汽条件，加剧了降水的强度和频率，导致极端降水事件增多。

图 4-3　干旱和洪水灾害更多发生

气候变化也会使大气环流模式发生改变。一些地区变得更加晴朗干燥，降水稀少，导致干旱频发。而另一些地区出现异常的湿气流汇聚，形成强烈的降水过程，造成极端降水事件。例如，2022 年夏季长江流域遭遇了自 1961 年有完整气象观测记录以来最严重的气象干旱，汛期发生流域性严重枯水；而在 2021 年 7 月 17—23 日，河南省遭遇历史罕见特大暴雨，发生严重洪涝灾害，共造成河南省 150 个县（市、区）1 478.6 万人受灾。

4.5 海洋酸化的危害

大气中二氧化碳浓度升高，在加剧温室效应、导致全球变暖的同时，也带来了海洋酸化的问题。二氧化碳溶于水后生成的碳酸增强了海水的酸性，使得海水 pH 下降。科学家发现，工业革命以来，海洋吸收了大量人类排放的二氧化碳，导致海水 pH 下降了 0.1，这意味着海水的酸度增加了约 30%。

图 4-4　海底的珊瑚礁白化

海洋酸化直接导致珊瑚礁虫、贝类等钙化生物的生长受到抑制，甚至破坏现存的珊瑚礁。而珊瑚礁是海洋中生物多样性最高的生态系统之一，其被破坏将导致大量依赖珊瑚礁生存的生物失去栖息地。《2024 年海洋状况报告》指出，海洋酸化对珊瑚礁等生态系统构成了严重威胁，导致珊瑚礁白化现象加剧，生物多样性减少。

酸化后的海水也会在一定程度上改变海洋生物体内的酸碱平衡，影响其正常的生理功能。例如，一些鱼类在酸性较强的海水中，其嗅觉系统会遭到破坏，导致它们无法正常探测捕食者和猎物，从而影响其生存和繁殖。除此之外，海洋酸化也会影响浮游植物的基础生产力，进而影响整个海洋食物网的结构和功能。例如，浮游植物的种类和数量变化会通过食物链传递，影响小型鱼类、大型鱼类等各级消费者，最终传导至整个海洋生态系统。

4.6 全球变暖对生态系统的影响

全球变暖一方面通过温度升高直接影响生物正常的代谢与繁衍；另一方面其导致的气候变化也会改变甚至破坏原有栖息地，进而对物种的分布范围和生态系统的结构产生影响。许多物种为了适应温度变化，会向其他地区迁移。例如，温度升高会导致一些地区的植被类型发生变化，森林、草原和湿地等生态系统的边界可能会发生移动。一些昆虫、鸟类和哺乳动物为适应全球变暖，分布范围已经向极地和高海拔地区扩展，而一些热带和亚热带物种的分布范围则逐渐缩小。这种分布范围的改变会导致物种之间的竞争关系发生变化，进而影响生态系统的结构和功能。同时，气候变化还会影响生态系统的生产力，导致生态系统中不同物种的数量和比例发生变化，进而影响生态系统的结构和稳定性。

图 4-5　不断变暖的地球

此外，前面我们也已经说到气候变化对全球的极端天气与气候事件产生了影响，包括极端降水与干旱等，这类极端天气事件显然也会对生物多样性构成严重威胁，导致物种灭绝风险增加。

4.7 全球变暖有好处吗？以西伯利亚为例

全球变暖并非完全有害，它给我们的生活带来了海平面上升、极端天气和海洋酸化等威胁，但也有其“有益”的一面。由于气温升高，一些高纬度地区不再像之前那样寒冷，人们的生活也发生了许多改变，西伯利亚就是一个典型的例子。

西伯利亚是乌拉尔山脉以东广大地区的总称，占据了北亚的大部分地区。由于邻近北冰洋，而且暖空气被山脉和高原阻挡住，西伯利亚成为北半球冬季最寒冷的地方之一，极端最低气温低于零下 70 摄氏度。尽管西伯利亚地域辽阔，却被达 1 000 万平方千米的永久冻土覆盖，难以利用。但是随着全球气温升高，部分冻土带夏季解冻层加深，可用作开垦耕地。根据俄罗斯农业部预测，至 2050 年西伯利亚农业用地可能增加 40%。除有利于耕作外，冻土解冻也有利于交通运输，使矿物开采和油气开发更加便利。位于俄罗斯克拉斯诺亚尔斯克地区北部的诺里尔斯克拥有世界最大的铜 - 镍 - 钯蕴藏量，冻土融化有利于探矿设备进入，能够节省 15 % 的探矿成本。

图 4-6　冻土

而随着北极海冰面积减少，夏季解冻加剧，位于西伯利亚沿岸的北极航道的通航时间也会变长。这样一来，经过北极航道比经过苏伊士运河的中欧航线能够缩短 30% 的航程，北极航道正在成为连接大西洋和太平洋的“新纽带”和“高速路”，西伯利亚沿岸的港口也将更加繁荣。

全球变暖给西伯利亚带来的困扰

由于冻土层中储存着有机碳，当冻土融化时，其中的微生物会将有机碳降解，释放甲烷、二氧化碳等温室气体，形成全球变暖的正反馈，加剧气候变化。即使气候变暖对西伯利亚有很多益处，但是也同时伴随难以预测的危险。西伯利亚变暖之后，森林向北部延伸，局部地区的生态系统将发生改变，而这样的生态变化对于当地原有生物物种的影响是未知的，隐藏着不确定和未知的风险。

总体来说，随着西伯利亚变暖，当地的土地利用更加便利，航运也会得到发展，但是当全球气候系统走向崩溃时，任何区域性收益都将是短暂且高风险的，若沉迷于攫取气候变暖的“甜头”，终将付出更惨重的代价。

4.8 全球变暖有好处吗？对农作物产量的影响

大家都知道，植物的生长与温度、降水以及空气中的氧气和二氧化碳浓度息息相关。因此我们不难理解全球变暖将影响各地农作物的生长，改变农作物的产量。那么，全球变暖会使农作物增产还是减产呢？

温度可以影响植物体内代谢酶的活性，使农作物生长的速率发生改变。酶存在最适温度，在此温度下酶活性最高，而当温度降低或者升高时酶活性都会下降。因此，全球变暖对不同地区的农作物生长的影响也不尽相同。对于热带和亚热带地区，原本气温就比较高，温度上升不利于作物生长，反而会产生高温胁迫。

温度上升对于全球农作物的生长是把“双刃剑”

每升温 1 摄氏度，热带地区谷物产量平均下降 5% ～ 10%。但高纬度地区寒冷，农作物的生长周期短，产量较低，气温上升后，植物的生长周期延长，小麦、玉米等农作物的产量将会提高。例如，西伯利亚部分地区小麦单产已经提升了 15%。可以说，温度上升对于全球农作物的生长是把“双刃剑”。

除温度外，二氧化碳浓度也是植物生长的重要影响因素。二氧化碳是植物光合作用合成有机物的原料，当二氧化碳浓度上升，植物也能“吃得更饱”，长得更快。除了作为原料，高浓度二氧化碳环境下植物的气孔开度减小，蒸腾耗水降低，对水分的利用率更高，也促进了植物的生长。实验表明，二氧化碳浓度倍增可使小麦、水稻、大豆等植物的光合效率提升，抵消部分地区因为温度变化带来的不利影响，使产量提高。在全球变暖 2 摄氏度的情况下，小麦产量在不考虑碳施肥效应时会下降 6.6%，但考虑碳施肥效应后，产量将增加 1.7%。全球变暖还会使水循环加快，水蒸气从热带向中高纬度输送加强，中高纬度降水微弱增加。降水量的改变也会对农作物产量产生影响，可能有利于中高纬度地区农作物生产，但是也伴随干旱和洪涝发生的风险。

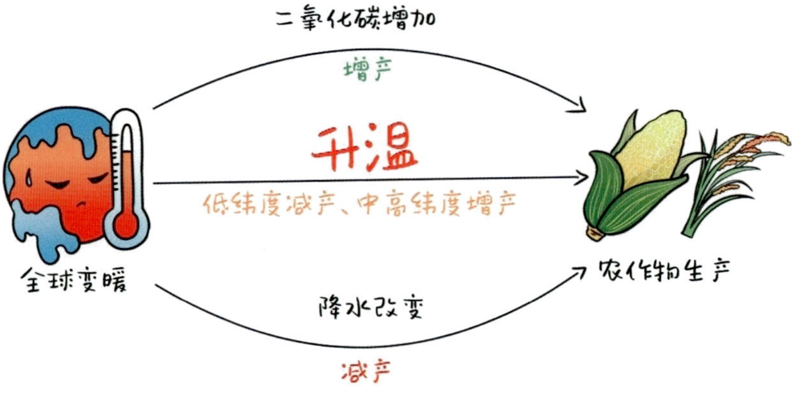

图 4-7　全球变暖对农作物产量的影响

总体来说，全球变暖可能会使小麦、水稻和大豆等农作物的产量增加，延长中高纬度地区的作物生长期，有利于农业生产。但是随着温度不断升高，极端天气频繁发生，洪涝灾害可能会影响正常的种植耕作活动，气候变暖并非理想的“农业救星”，我们不应将农业的未来寄托于此，因地制宜、提高种植技术方是农业发展的长远大计。

第五章

人类是如何排放碳的

学习目标

1. 衣服中的碳排放。
2. 食物中的碳排放。
3. 住宅中的碳排放。
4. 出行中的碳排放。
5. 产品的碳足迹。
6. 各行各业的碳排放。
7. 城市的碳排放。

5.1 人的呼吸和牛的反刍

人类活动是当今气候变化的主要影响因素，前面我们讲过，化石燃料燃烧排放了大量的温室气体，增强了温室效应。除了燃烧排放，人类还有很多其他途径排放温室气体。接下来，我们来讲一讲人和动物是如何排放碳的。

我们无时无刻不在呼吸，细胞也持续不断地通过呼吸作用降解葡萄糖，用以产生维持生命活动的能量，同时吸收氧气并释放二氧化碳。对于一个成年人来说，每年通过呼吸能释放约 1 吨二氧化碳。

有趣的是，人类的呼吸虽然会释放二氧化碳，但呼吸是基本人权，不应该被管制。人是生物圈中碳循环不可或缺的一环。植物通过光合作用吸收大气中的二氧化碳并合成葡萄糖，很多的葡萄糖分子组成淀粉，储存在植物体内。人和其他动物通过进食摄取植物体中的有机碳并吸收利用，最终通过呼吸作用将其分解，碳以二氧化碳的形式回到自然界。这一碳的循环过程较为短暂，并不会影响大气中二氧化碳的含量。而化石燃料则不同，煤和石油都是数亿年前植物体被埋藏于地下经过长时间地质作用形成的，燃烧它们就会导致当下大气中的二氧化碳净含量增加。2023 年全球化石燃料排放 368 亿吨 CO_2，相当于全球 80 亿人呼吸排放量的 约 12.5 倍。

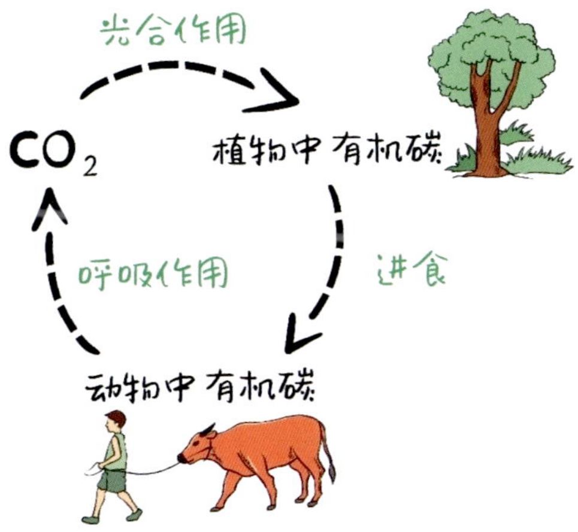

图 5-1　碳的循环过程

“反刍”是如何排放二氧化碳的

牛、羊等动物进食一段时间以后将半消化的食物从胃里返回嘴里再次咀嚼，称为“反刍”。在此期间，食物被储存在它们的瘤胃中。牛的瘤胃内有大量共生微生物，这些微生物分泌能够分解植物纤维的酶，它们能将食物中的各类纤维素分解成葡萄糖，再发酵产生挥发性脂肪酸、乳酸、甲烷和二氧化碳等，其中甲烷和二氧化碳由口腔排出，成为大气中的温室气体。一头奶牛年均排放 100～200 千克甲烷，其温室效应相当于 2.5～5 吨二氧化碳。

在全球范围内，畜牧业贡献了 14.5% 的人为温室气体排放，其中反刍动物排放的甲烷占 40%。因此，尽管人类呼吸和牛的反刍都会释放温室气体，但是人类呼吸是碳循环的正常环节，而反刍释放的甲烷是农业活动的副产品，需要我们通过改进饲料等方式来改善。

5.2　食物的碳排放

人类活动的碳排放中，食物的生产与消费是一个重要的领域，

UNEP 的相关报告指出，全球食物系统的碳排放占全球温室气体排放总量的 1/3。全球食物系统的碳排放贯穿整个生命周期，包括生产、加工、运输、消费以及废弃物处理等环节。

在食物的生产环节，化肥和农药的施用、土地利用变化、作物种植以及畜牧业的肠道发酵和粪便管理等均会产生碳排放。在食物的加工、运输和消费环节，食品加工中的能源消耗、运输工程中燃料的燃烧、食物仓储等均会产生碳排放。

图 5-2　碳水化合物

其中不同消费结构的碳排放差异显著，动物性食物（如肉类）的碳排放通常高于植物性食物。具体而言，动物性食物的碳排放量是植物性食物的 10 ~ 50 倍。这也符合生态系统的能量流动逐级递减的原则，为了摄入同样的能量，需要摄入的食物按对应的生产者数量来计，动物性食物也要大于植物性食物。

咖啡杯里的碳博弈

截至 2024 年底，上海市咖啡店数量位居全国第一，部分咖啡店推出自带杯活动，如“自带杯减碳积分”“自带杯优惠”活动。每年 4 月 22 日的世界地球日，只需要带上自带杯，就能到部分咖啡店享受免费的咖啡。于是，一场“自带杯大乱斗”火热上演。你有喝咖啡的习惯吗？用自己带的杯子，换取更低的价格，和更好的未来，你愿意吗？

上海本帮菜的碳足迹暗战

舌尖在上海，上海本帮菜的两大特色——红烧和葱油。其中，红烧肉是上海本帮菜的精品，一盘红烧肉的碳排放主要来自饲料生产，约占60%。上海农场推广“藻类猪饲料”，就可减少30%的碳排放。

在废弃物处理环节，UNEP 报告指出，全球每天浪费的可食用食物相当于超过 10 亿份餐食，2023 年，全球仍有约 8 亿人面临饥饿问题，这种食物浪费不仅对经济造成重大损失，还加剧了气候变化和自然资源的浪费。根据 UNEP 估算，全球温室气体排放量的 8%~10% 与各环节的食物浪费有关。不同处理方式对碳排放有显著影响，厌氧消化是目前被认为对温室气体减排最有利的处理方式。通过厌氧发酵，厨余垃圾可以产生沼气，这些沼气可用于发电或作为能源使用，从而显著减少甲烷排放，并实现资源化利用。

为应对气候变化，实现净零排放，减少食物浪费是关键。同时有研究指出，新型植物基肉类、细胞培养肉和微生物发酵蛋白等替代品，可以显著减少食物系统的环境足迹。饮食结构向植物性食品转变固然可以降低食物的碳排放，素食也可以是健康的选择，但需要科学搭配和营养补充，特殊人群需谨慎选择素食。德国营养学会明确建议孕期避免纯素食，铁和 DHA（二十二碳六烯酸，人体所必需的一种多不饱和脂肪酸）缺乏可能影响胎儿发育。而大多数人适合的素食模式为弹性素食，即以植物性食物为主，偶尔摄入少量动物蛋白。

5.3 衣服的碳排放

如今提到碳排放，最常见的议题就是重工业、交通等的排放，但事实上，我们每天接触的、贴身穿着的衣服背后的碳排放也不容小觑。根据联合国环境规划署的数据，纺织服装业的碳排放量占全球总量的10%。

纺织服装的产业链可以分为三层：上游产业主要负责原材料供应，中游产业负责服装的生产和制造，下游产业包括服装的线上和线下销售。

上海的“古着”文化能够助力碳减排吗？

上海的灵石路、淮海中路等街道聚集了许多售卖二手衣物的“古着”店，一些二手交易平台的线下店铺也“遍地开花”。在民国时期，就有“淮国旧”等店铺专门收购和寄售各类旧物。

一方面，二手衣物回收减少了人们对新衣物的需求，降低了生产过程中的碳排放，同时减少了废弃物的产生，对环境更为友好。另一方面，二手衣物回收的环节众多，包括收集、分类、清洗、运输和再销售等，这些环节涉及大量的人力、物力消耗，是否会抵消其减排效果？

服装原材料的质量和种类直接决定了服装生产的成本，更决定了服装的生产是否足够“绿色”。宽泛来讲，服装的原材料可以分成天然纤维和人造纤维两类。

天然纤维就是常见的棉花、羊毛、蚕丝等；人造纤维则是仿照天然纤维的性能制造的，如涤纶和腈纶等。人造纤维的原料也是一些线性的高分子聚合物，如竹子、木材、草类等。

天然纤维和人造纤维原料的种植都需要很多农业生产资源的投入，如灌溉、机械等，这些投入都对碳足迹的增长有很大贡献，而且这些原材料的进一步加工涉及的一系列工业流程、设施也都不断地排放温室气体。

图 5-3 麻类植物

你穿过"负碳作物"的衣服吗?

现在服装业在寻求更环保、更低碳的原材料，如麻类、软木布等。中国麻纺织行业协会组织撰写的报告指出，麻类种植简便、投入少，基本不需要额外灌溉，对环境的适应能力强，喜光照，光合作用效率高，同样的种植面积能够有效吸收二氧化碳的量约是棉花的 2 倍，因此被认为是一种"负碳作物"。

服装的生产加工的碳足迹则更多。一件成衣的诞生需经历一系列烦琐精细的流程，这些工业流程中会使用到各种各样的电器工具，如电熨斗、剪线机、平缝机等。这些工具的使用大幅增加了每件衣服生产的碳排放，是纺织服装业中碳排放的大头。

至于下游产业，服装的线上线下销售，其中的碳排放主要来源于物流运输过程。销售出的服装拿到我们手中、穿在身上，仍然有后续的碳排放。日常用洗衣机洗衣服、用熨斗熨衣服，乃至后面废旧衣物的加工处理、填埋焚烧等，都在一点一滴地增加一件衣服身上所背负的碳足迹。

由此可见，一件衣服的生命全流程，碳排放无所不在。

5.4 住宅的碳排放

我们日常居住的住宅建筑作为一个整体也同样在排放着温室气体。与衣物类似，我们同样需要从全生命周期的角度来考量一个建筑的碳排放。建筑的全生命周期包括建材的生产、建筑的施工和建筑的运行三个阶段。

在计算建材生产过程的碳排放时，一方面要考虑电力消耗涉及的间接的碳排放；另一方面要考虑工业生产过程中直接的碳排放。例如，煤和石油等燃料燃烧的排放，以及碳酸盐原料的分解等。建筑的施工则主要涉及电力的消耗。

建筑的运行阶段，碳排放主要源于电力的消费和供热，这也可以说是占据建筑生命中排放时间最长、排放量最大的一类。对于北方严寒地区和经济发达地区，电力和供热需求更大，因此碳排放往往也更多。

图 5-4　住宅的碳排放

零碳建筑：上海长三角一体化绿色科技示范楼

上海普陀区桃浦智创城的上海园林设计大楼，是上海建工集团打造的零碳建筑典范。这栋楼总建筑面积 11 782 平方米，采用高效的预制光伏板、地源热泵系统、生态水循环系统等绿色技术，实现了建筑运营的零能耗与全生命周期的碳中和。零碳建筑需要综合考虑能源生产与利用、水资源管理、室内环境质量、材料选择和智能运维等多个方面。如果将自己生活中的学校或办公楼进行零碳改造，应该如何考虑和设计呢？

建筑的碳排放存在一个很有趣的现象，叫作“碳锁定”效应。所谓的“碳锁定”，是指经济系统在技术与制度共同演进过程中由于报酬递增所引起的高碳路径依赖状态。意思就是，一开始，我们所使用的技术是高碳排放的，随着时间的推进，逐渐出现了低碳排放的技术，但是由于技术更换的成本较高，因此尽管有更低碳的技术存在，我们仍然会选择继续使用高碳排放的技术。这样一来，碳就被“锁定”住了，在很长一段时间内都会保持同样的高排放量。

建筑业具有显著的“碳锁定”特征。建筑一旦建成，那么在很长一段时间内这些建筑可能都不会得到更换，那么在它们的生命周期内就会产生巨大的排放量。因此在投建之初就需要注意改进技术，选择低碳的建筑。

事实上，目前想“多快好省”地降低建筑物和住宅的碳排放，办法还是降低建筑物运行的能耗，通俗来讲就是节能。我国的《2030 年前碳达峰行动方案》中提出建设集光伏发电、储能、直流配电、柔性用电于一体的“光储直柔”建筑。

“光储直柔”主要是让建筑更好地使用光伏发电，光伏发电输出的是直流电，需要转换为交流电才能接入建筑的电力网，为建筑所使用。在直流交流转换过程中就会造成较大的损失，因此将建筑内部完全改为直流电，取消转换环节，就能降低一部分能耗。所谓的柔性用电，主要目的是调节供电网对建筑供电的功率大小，从而实现“需求侧响应”的柔性用电。

5.5 公共交通的碳排放

每天早高峰的地铁车厢里挤满了人，公交车在专用道上飞驰，共享单车穿梭于大街小巷……在这些我们习以为常的场景背后，公共交通系统正在默默承载碳减排的使命。

《城市绿色出行指数白皮书》中，研究者以杭州东站到杭州青少年活动中心为例，模拟计算了个人不同出行方式的碳排放量。计算结果表明，该段路程驾驶机动车的碳排放量高达 1 942 克；而选择乘坐公交车出行，该段路程个人碳排放量可降低至 355 克；乘坐地铁出行，个人碳排放量则仅有 65 克。该行程，如果个人选择乘坐公交或地铁这两种公共交通方式出行，碳排放量仅为驾驶机动车的约 1/5 和 1/30。

图 5-5　公共交通的碳排放

共享单车的隐秘碳账

有报告显示，上海市作为共享单车运营的超大城市，2024 年上海活跃用户的单次骑行距离为 1.5 千米。笔者于 2024 年的 208 天内骑行了 479 次，共 1 506 千米，平均每天 4.1 千米，消耗能量 11.9 万千卡，减少碳排放 199.7 千克。某单车品牌公布数据：上海用户年均骑行减碳 4.8 万吨，相当于 2.4 万棵树年固碳量。

可见，选乘公共交通工具，可以大幅降低我们产生的碳排放。

一方面，多人乘坐同一个公共交通工具，碳排放量平均到每个人身上必然会减少。另一方面，乘坐公共交通工具出行可以大幅减少街道上私家车的数量，通过减轻拥堵降低碳排放。

那么，如何提高公共交通的碳减排呢？显然，公共交通的载客率提高了，平均每位乘客的碳排放就会下降。居民倾向于选择私家车而非公交车的主要原因之一便是时间考虑。由于起点和终点之间常常没有直达的公交，或公交需要绕路，导致公共交通出行用时往往显著高于私家车。因此需要公共交通根据居民实际的出行需求设计更加合理的线路，增加居民选乘公共交通的意愿。

此外，设计公交车专用通道也是一项重要举措，可以显著减少公交车通行时间，从而鼓励更多居民选乘公交车。

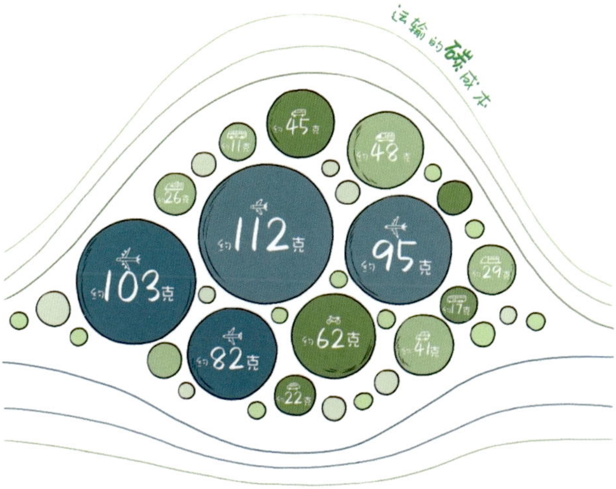

图 5-6　不同交通工具的碳排放

“发电地板”：南京西路步行街的能量革命

上海南京西路地铁站铺设压电地砖，每万步可发电 0.1 度（点亮广告屏 15 分钟）。作为首块中国国产的“发电地板”，可以将行人踩踏产生的机械能转换为电能并将其存储和输出。

未来，或许大数据和云计算会更多应用于智能交通系统，根据居民出行需求动态优化公共交通的线路并调配运力、畅通道路，使公共交通出行成为更多人的选择，进一步降低我们出行的碳排放。

5.6 私人交通的碳排放

清晨七点，上海某小区的地库中响起引擎的轰鸣声。王先生启动了他的 2.0T 汽车，仪表盘显示平均油耗为 10 升 /100 千米。这个每天都在上演的通勤场景，正在以每年数吨二氧化碳的排放量，默默参与着全球气候变化。与此同时，某架私人飞机正在伦敦某机场滑行，它将飞往纽约，短短 10 小时的飞行中，数十吨二氧化碳被排入大气层。

自中国加入世界贸易组织以来，私家车进入了千家万户。截至 2023 年底，中国私人汽车保有量达 2.9 亿辆。随着私家车数量快速增长的，还有其碳排放量。

图 5-7　交通的碳排放

新能源汽车

新能源汽车，是对传统燃油汽车以外的多种汽车的统称，包括纯电动汽车（车上有储能电池，用电能驱动）、增程器电动汽车（除动力电池外，还有一个增程器。当电量不足时，增程器可以启动燃烧汽油发电为电池充电）、混合动力汽车（既有传统汽油车的发动机，也有新能源汽车的电动机，两者均可以提供动力）、氢动力汽车（车内存有氢气，利用氢气与空气中的氧气发生化学反应释放的能量驱动汽车）等。

由于电动汽车行驶过程中不燃烧汽油，一些人误以为电动汽车是“零碳排放”的，实际上并非如此。截至 2024 年，我国依然有 43.1% 的汽车依靠火力发电（包括燃煤、燃气、生物质发电等），而火力发电过程会产生大量二氧化碳气体。考虑到电动汽车自重较大、电力传输的损耗等，电动汽车的碳排放并不少。与之类似，虽然氢气和氧气的反应物是水，不直接排放二氧化碳，但工业上生产氢气的过程中同样会有大量二氧化碳排放。

因此，若要降低私人交通的碳排放，除用新能源汽车替代传统燃油汽车外，还需要电力行业随之转型，增加太阳能、风能、水电等可再生能源的装机量，减少火力发电占比。或许某天，我们的后代会惊讶于博物馆里陈列的燃油车、火力发电设施，就像今天我们看待蒸汽机车那样——既惊叹于工业文明的伟力，又庆幸于环保意识的觉醒。

5.7 能源工业的碳排放

在一个寒冷的冬夜，街道上的路灯刺破了黑暗，居民家中的暖气片驱散了寒气。与此同时，不远处的几个大烟囱正在冒着滚滚白烟——那里是一家燃煤发电厂。巨大的锅炉里，数千吨煤炭正在熊熊燃烧，产生的热能使水变为了高压蒸汽，推动着汽轮机、发电机旋转，源源不断地产生电能。一小时它将产生 10 万度电，同时有 40 吨煤将转化为二氧化碳被排放到空气中。在现代社会，能源工业既是推动经济发展的重要引擎，也是全球碳排放的最大来源之一。

能源工业的碳排放是如何产生的？

能源工业的碳排放，主要来源于化石燃料的燃烧，包括煤炭、石油和天然气等。化石燃料的本质，是古代动植物的遗骸，经过数千万年乃至上亿年的地质作用形成的高能量密度物质（相同质量的物质，所蕴含的能量越多，其能量密度越高）。当燃烧这些燃料时，其中的碳会与空气中的氧气结合，产生二氧化碳，同时释放热量。释放的热量被我们以某种方式利用，就可以产生电能，驱动汽车行驶，或为冬天的室内供暖。

图 5-8　能源工业的碳排放

减少能源工业的碳排放刻不容缓，可以从多方面入手。

首先，用清洁能源替代传统化石能源，如建立更多水电站、风力发电站、太阳能面板、核电站等。这些新能源电站发电过程中不排放或极少排放二氧化碳。

其次，可以加大技术研发投入，提高传统化石能源电站发电效率。以燃煤电站为例，一般燃煤电站效率在 30% ~ 40%，并且越是小型的电站效率越低。而采用最先进的超超临界发电，效率可达 50%，能够大幅节约化石能源并减少碳排放。并且，50% 的效率依然有很大的提升潜力。

最后，还可以对火力发电站产生的气体中的二氧化碳进行分离、捕获和封存，之后再排放到空气中，也能大幅减少排放到空气中的二氧化碳浓度。

相信在全世界人民的共同努力下，碳中和不会在遥远的未来，而会在不久的将来！

表 5-1　常见能源碳排放系数

能源名称	平均低位发热量 /（kJ/kg）	折标准煤系数 /（kgce/kg）	单位热值含碳量 /（吨碳 /TJ）	碳氧化率	二氧化碳排放系数 /（$kgCO_2$/kg）
原煤	20 908	0.714 3	26.37	0.94	1.900 3
焦炭	28 435	0.971 4	29.5	0.93	2.860 4
原油	41 816	1.428 6	20.1	0.98	3.020 2
燃料油	41 816	1.428 6	21.1	0.98	3.170 5
汽油	43 070	1.471 4	18.9	0.98	2.925 1
煤油	43 070	1.471 4	19.5	0.98	3.017 9
柴油	42 652	1.457 1	20.2	0.98	3.095 9
液化石油气	50 179	1.714 3	17.2	0.98	3.101 3
炼厂干气	46 055	1.571 4	18.2	0.98	3.011 9
油田天然气	38 931	1.330 0	15.3	0.99	2.162 2

5.8　产品的碳排放

我们每天接触的各种产品，从食品到电子产品，从衣物到交通工具，无一不在其生命周期中产生碳排放。前面我们已经讨论了许多方面的碳排放问题，接下来我们将分别从产品和活动碳排放的视角，认识我们的消费行为对环境的影响，以及科学家是如何研究碳排放的。

不同产品的碳排放量差异巨大。例如，一件普通棉 T 恤的碳排放相对较低，其主要碳排放来源于棉花种植过程中的灌溉、施肥以及纺织加工过程中的能源消耗。数据显示，一件普通棉 T 恤在其生命周期中会产生 5 ~ 10 千克的二氧化碳。相较之下，电子产品如智能手机，由于其复杂的生产工艺和高能耗的芯片制造过程，碳排放量要高得多。

以苹果公司公布的数据为例，iPhone 13 的生命周期约排放 64 千克二氧化碳，其中制造阶段占比最大（80% 以上）。更不用说像飞机这样的大型交通工具，其单次飞行的碳排放量就已经非常惊人。国际民用航空组织（ICAO）和其他航空研究机构的数据表明，每千克航空燃油燃烧约产生 3.16 千克二氧化碳。一架波音 747 飞机的生命周期大约排放 1.6 亿吨二氧化碳，其中飞行占总碳排放的 99% 以上。

图 5-9　每种产品都有碳排放

从产品生命周期减少碳排放

要降低产品的碳排放，需要从产品生命周期的各个环节入手。在原材料开采环节，可以采用更环保的开采技术，减少能源消耗和碳排放。在生产环节，企业可以提高能源利用效率，使用可再生能源，如太阳能、风能等替代传统的化石能源。在消费环节，消费者在购买产品时，可以选择那些碳足迹较低的产品。例如，购买本地生产的食品可以减少运输过程中的碳排放；选择可再生能源驱动的电动汽车，而不是传统的燃油汽车，也能大幅降低碳排放。在废弃处理环节，产品的回收利用也是减少碳排放的有效途径，同时可以减少对原材料的需求，从而降低开采和生产过程中的碳排放。

碳排放清单的计算是通过系统地核算各类活动或产品的碳排放量，以评估其对环境的影响。其中生命周期评估法是一种自下而上的计算方法，用于评估产品或服务从原材料获取、生产、使用到废弃处理的全过程碳排放。碳排放清单的研究成果为产品碳足迹的核算提供了基础数据。通过分析产品的生命周期，科学家可以将碳排放清单中的数据应用于具体产品，从而评估各个环节的碳排放。类似知道了各个环节的“单价”，科学家可以计算“总价”。

5.9 活动的碳排放

从日常生活的点滴到大型工业生产，每一场活动都在影响着地球的碳循环。近年来，随着全球对气候变化的关注和“双碳”目标的推进，许多地区和行业积极探索零碳活动实践。下面以 2010 年上海世博会和 2022 年北京冬奥会为例进行介绍。

图 5-10　2010 年上海世博会上的零碳馆

图 5-11　北京冬奥会的标志

2010 年上海世博会已经成为很多人的美好记忆。其中，世博英国零碳馆，是中国第一座零碳排放的公共建筑，外形像是两栋造型别致的“小别墅”。除了利用传统的太阳能、风能实现能源“自给自足”外，“零碳馆”还将取用黄浦江水，利用水源热泵作为房屋的天然“空调”；用餐后留下的剩饭剩菜，将被降解为生物质能，用于发电。世博会结束后，零碳馆将永远保留下来，变为中国首座零碳博物馆。

2022 年北京冬奥会是一个新的篇章。2022 年北京冬奥会作为奥运历史上首个承诺实现碳中和的赛事，通过 100% 使用绿色电能、大规模应用燃料电池汽车以及对场馆的可持续改造，成功实现了碳中和目标。2024 年巴黎奥运会则是首个全面贯彻《奥林匹克 2020+5 议程》的赛事，致力于打造更可持续、更负责任的奥运会。其碳排放总量相较于 2012 年伦敦和 2016 年里约奥运会的平均水平减少了 54.6%，通过 98.4% 的可再生能源利用、95% 的现有或临时场馆建设、99% 的资产回收再利用以及 87% 的观众绿色出行等措施，大幅降低了赛事碳足迹。两届奥运会都为未来大型体育赛事的可持续发展提供了宝贵经验，展示了绿色奥运的实践成果。

由此可见，我们可以从绿色能源使用、减少材料和资源浪费、低碳交通、废弃物管理、碳补偿项目等方面入手，让活动的净零排放不仅是当前可持续转型的重要目标，更是未来社会运作的常态，加速全球向绿色社会的转型。

5.10 城市的碳排放

在之前的章节中我们已经知道，二氧化碳是一种重要的温室气体，虽然在正常浓度下无害，但是随着人类社会的不断发展，它的排放越来越无法控制，是导致全球变暖以及进一步导致各种环境问题的“元凶”。随着现代城市化进程的加速，城市的碳排放也随着人口增长、产业发展而不断上升。根据联合国人居署的统计，在当今世界，虽然城市面积仅占地球陆地面积的 2%，却惊人地消耗了全球 78% 的能源，产出了超过 60% 的温室气体排放。高密度的人口聚集、大规模的基础设施建设、高度依赖化石能源的运转体系，在经济繁荣的同时，也带来了大量的二氧化碳排放。

城市中产生的二氧化碳无处不在，我们呼吸时会产生二氧化碳，甚至发布一条社交媒体动态手机也会释放二氧化碳。在工业生产和交通运输等过程中，各种燃油、燃气、煤炭等化石能源的燃烧会产生大量二氧化碳；在生活垃圾的分解、发酵、腐烂、变质的过程中，也会产生二氧化碳和甲烷等其他温室气体。在现代工业文明的驱使下，消费主义的盛行助长了碳排放的增长，许多人崇尚大量生产、大量消费、大量废弃，导致资源被无节制地使用，废弃物的回收工作远跟不上其产生的速度。人们的生活越来越便利，从私家车的使用到空调普及，从快时尚消费到食品浪费，每一种行为都伴随碳排放的增加。

在人们不断追求物质享受的生活方式之下，以及生活便捷、生产高效、土地利用与生态环保等难以平衡的矛盾之下，城市的减排工作困难重重。城市碳排放问题既是挑战也是机遇。通过采用更清洁、更低碳、更高效的生产方式，推广可再生能源，提倡绿色生活，城市有希望走出一条经济发展与生态保护相互协调的道路。我们在日常生活中做出的每一次行动，从使用公共交通工具出行到不使用一次性餐具等，都在为人类文明的可持续发展贡献着一份力量。

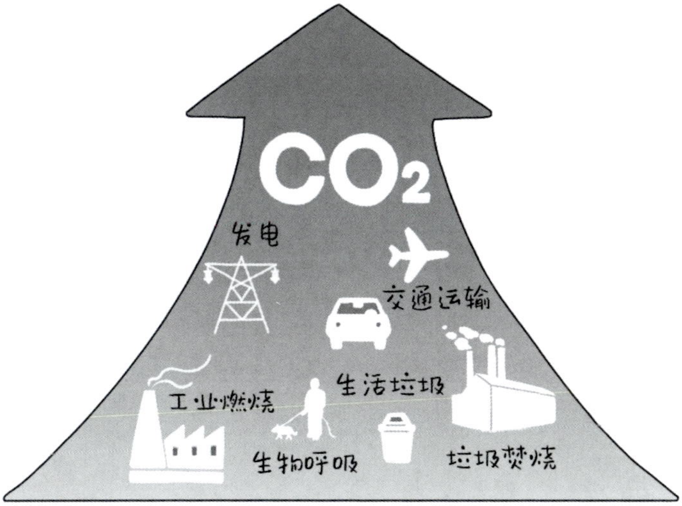

图 5-12　城市中的碳排放

第六章

人类是如何减少碳排放的

学习目标

1. 什么是碳源、碳汇？
2. 森林碳汇。
3. 海洋碳汇为什么是“蓝碳”？
4. 能源利用如何减少碳排放？
5. 工业如何减少碳排放？
6. 农业如何减少碳排放？
7. 生活中如何减少碳排放？
8. 地球系统工程是什么？

6.1 碳源？碳汇？

碳源和碳汇是地球碳循环的两个关键组成部分，对全球气候变化具有重要影响。随着人类活动的增加，碳源的排放量逐年上升，对气候变化产生了显著影响。与之相对的是碳汇，它是指能够吸收并储存大气中二氧化碳的系统，常见的碳汇有森林、海洋、湿地和土壤等。通过光合作用，植物将二氧化碳转化为有机物，海洋和湿地也能通过不同的生物和物理过程吸收大量的二氧化碳。因此，碳源和碳汇的平衡关系直接影响全球碳循环和气候系统，减少碳源的排放和增加碳汇的吸收能力是应对气候变化的重要策略。

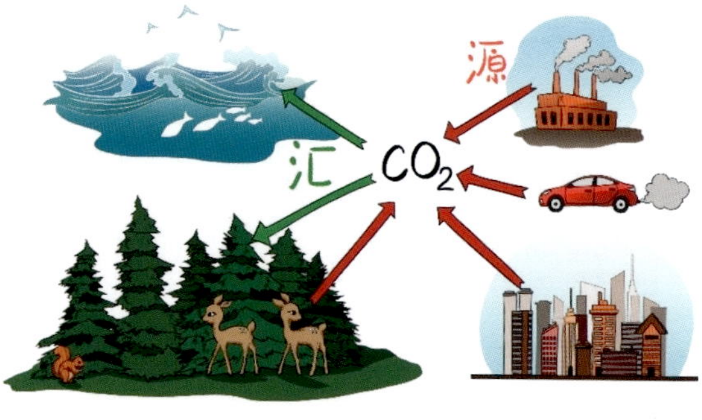

图 6-1　碳源和碳汇

目前，全球碳源的排放量远大于碳汇的吸收能力，导致大气中的二氧化碳浓度持续上升，进而引发气候变暖、极端天气事件增加、海平面上升等一系列环境问题。因此，科学家和政策制定者呼吁采取措施，减少碳源的排放，尤其是化石燃料的使用，并通过保护和恢复自然碳汇（如森林保护、湿地恢复、海洋保护等）来增强碳汇的吸碳能力。这样可以在全球范围内实现碳平衡，从而减缓气候变化的速度，促进可持续发展。

值得一提的是，除了天然碳汇，人们可以通过各种碳中和技术实现碳汇，主要包括碳捕集、碳利用、碳储存等。其目的在于将大气中的二氧化碳收集储存到地下或通过光电催化手段将二氧化碳合成为具有价值的化工产品。

6.2 森林生态系统的碳汇

森林生态系统的碳汇，是指森林通过光合作用吸收大气中的二氧化碳并将其转化为有机物质储存的过程。植物通过光合作用吸收二氧化碳，并将其固定在树木的木质部和根系中，同时，森林土壤通过微生物、根系和有机物的分解，长期储存大量碳。森林的碳储存能力还受到生物多样性的影响，丰富的植物种类和生态功能有助于碳的固定和长期储存。尽管森林是重要的碳储存池，但森林碳汇也受到森林火灾、病虫害、砍伐等因素的威胁，因此，森林的保护和合理管理对于维持其碳汇功能至关重要。通过保护原始森林和恢复次生林，森林在减缓气候变化、减少温室气体浓度方面发挥着不可忽视的作用。

图 6-2　森林碳汇

全球森林碳汇

2024 年，美国林务局潘裕德研究员、北京大学方精云院士等合作在 *Nature* 上发文，基于 1990—2019 年的全球森林实地长期数据，得出结论：全球森林碳汇相当于 1990—2019 年化石燃料排放量的近一半，但其中 2/3 的效果被热带森林砍伐所抵消。

森林碳汇的价值不仅体现在其生态功能上，还涉及经济、社会和环境层面的多重效益。在碳交易市场上，森林碳汇可通过碳信用的形式进行交易，为拥有大量森林资源的国家和地区创造经济效益。通过森林保护和再造林项目，国家可以出售碳信用，获取收入。这不仅能提升森林资源的经济价值，还为生态环境保护提供了资金支持。

6.3 海洋生态系统的碳汇

海洋生态系统的碳汇，是指海洋通过物理、化学和生物过程吸收并储存于大气中的二氧化碳。海洋吸收了地球上超过 1/3 的人为二氧化碳排放，起到了缓解气候变化的重要作用。海洋的碳汇机制包括表层水的气体交换、植物和浮游生物的光合作用、深海水体的碳储存以及海洋生态系统中的沉积作用。海洋植物通过光合作用将二氧化碳转化为有机物，而这些有机物会通过食物链传递并最终沉降到深海，形成长时间的碳储存。

此外，海水的物理过程，如热量和二氧化碳的溶解，也使得海洋成为一个重要的碳吸收池。尽管如此，海洋碳汇面临着全球变暖、酸化等因素的威胁，这些问题可能影响海洋吸收二氧化碳的能力。因此，保护海洋生态系统并减少温室气体排放对于维持其碳汇功能至关重要。

海洋和沿海生态系统中储存和吸收的碳被称为“蓝碳”，蓝碳的碳储存能力巨大，是全球碳循环中的一个重要组成部分。除蓝碳外，不同来源的碳通常有着不同的名称。

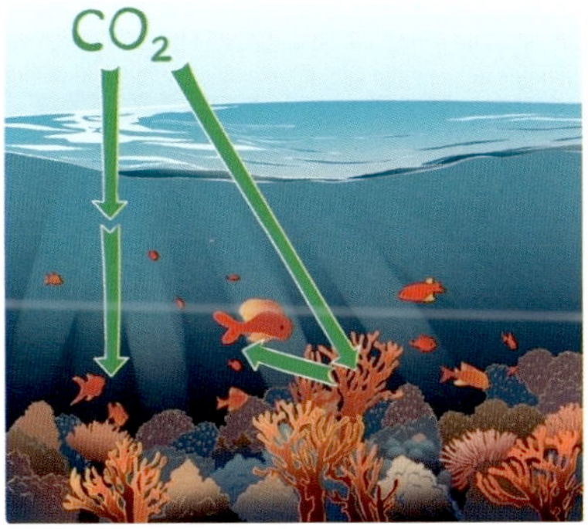

图 6-3 海洋碳汇

绿碳、黄碳、褐碳和黑碳

绿碳，指陆地生态系统中通过植物（主要是森林、草原等）进行的碳固定。

黄碳，指土壤碳汇，涉及草原、农田等陆地生态系统的固碳作用。

褐碳，指在燃烧生物质、木材、农作物秸秆等过程中释放的有机碳物质。

黑碳，是由有机物质不完全燃烧产生的颗粒物，通常来自化石燃料和生物质的燃烧。

6.4 能源利用减少的碳排放

曾经，升腾的烟雾带来经济发展生生不息的希望，而如今却给自然带来沉重的负担。

人类利用能源的历史，也是一部辉煌的减碳史。古人钻木取火、烧柴取暖时，每获得 1 焦耳能量要排放 100 毫克碳；第一次工业革命迎来蒸汽时代，这个数字降到 50 毫克；现代燃气轮机已降至 20 毫克。能源转型的每一步都伴随碳排放强度的下降。

图 6-4　风能和太阳能利用

如今的时代面临着能源转型的难题，可再生能源成为改写能源格局的重要武器。理论上讲，可再生能源来源于自然又能充分补充，在发电过程中不会产生直接的碳排放，其清洁性使其又被称为“清洁能源”。高悬于天、洒下万般光芒的太阳能，吹过耳边、走向田野的风能，水往低处流的强大势能，都是亟待挖掘的宝贵财富。

中国已经在这一领域向前迈进，戈壁滩上的风电场，单台机组年发电量可供 5 000 个家庭使用；撒哈拉沙漠的太阳能电站，每平方千米年发电量相当于 50 万桶石油。这些清洁能源的碳排放强度仅为煤电的 1/50。只是目前清洁能源仍需依赖技术进步而使成本不断下降并突破技术“瓶颈”，进而大规模推广运用。

能源革命不仅是技术的革新，还是文明的跃迁。当我们学会用更少的能源创造更多价值、用更清洁的方式满足需求，人类就能与自然达成新的平衡。

6.5　工业生产减少的碳排放

走进任何一座现代化工厂，都能看到错综复杂的管道交织成网，高耸的反应塔吞吐着原料，流水线如同永不停歇的动脉。当它们成为经济发展的支柱时，也背上了沉重的“碳债务”。生产过程中的裂解聚合，释放出大量温室气体，五彩斑斓的塑料制品成为助长碳排放的“帮凶”，一个个无形的“碳包袱”从工厂运输线中走进环境。

在德国杜伊斯堡市的钢铁厂，工程师将传统焦炭替换成氢气，赤红的钢水在氢焰中沸腾时，炼钢炉中喷出的二氧化碳被水蒸气替代；安徽的水泥厂采用碳捕获技术，将窑炉烟气中的二氧化碳提纯液化后注入饮料生产线，通往天空的二氧化碳排气管伸入碳酸饮料，升腾的气泡展露“点碳成金”的魔法。

在上海宝山钢铁股份有限公司（以下简称宝钢）的厂区里，焦化废水池变成了生态湿地，芦苇丛中游动着净化水质的鱼群，蝴蝶在修复后的土壤上翩跹，厂房屋顶的光伏板为车间供电，生产余热为附近社区供暖，钢渣制成的环保砖正在铺就城市的人行道。“含绿量”变成“含金量”的时代序章正在谱写。

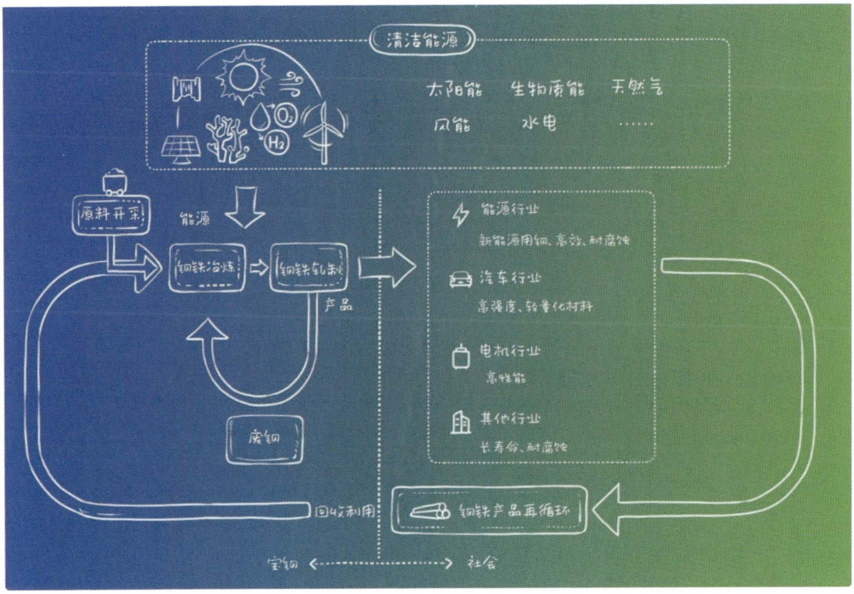

图 6-5　未来的钢铁生产

站在教室的窗前，看着远处工厂的轮廓，那里不再是冰冷恐怖的钢铁丛林，而是正在演变的地球生态的新器官。

6.6　生活中减少的碳排放

你可能觉得气候变化是科学家在实验室研究的课题，是工厂与政府之间关于经济与绿色的大型博弈，却不知道每天随手扔掉的塑料瓶、没吃完的剩饭剩菜、衣柜里那件没拆吊牌的衣服，都在悄悄绘制着你的“碳足迹地图”。这个看不见的足迹，正成为我们这代人必须面对的成长课题。

上学路上，选择共享单车代替私家车，相当于每天为地球种下 0.3 棵树。看似微小的改变，如果全国中学生都参与进来，每年能减少的碳排放相当于关停 3 座中型火电厂。

图 6-6　节约粮食、旧衣利用都可减少碳排放

服装快消品牌迅速侵入市场，大量服装产品被快速丢弃，快时尚产业每年的碳排放量负债累累。选择二手校服交换，不仅能让每件衣服减少 70% 的碳足迹，还能将青春的记忆永远留存。“旧物再生计划”也正在引领新风潮：用旧牛仔裤改造的帆布袋，垃圾碎片重组的工艺品以及废旧纸袋也能摇身一变成为收纳能手。

午餐时随手倒掉的半碗米饭，可能等于消耗 2.5 升汽油；每千克牛肉会产生 27 千克二氧化碳；教室里日光灯每天少开 1 小时，碳排放将减少 120 千克。环保不是遥不可及的宏大叙事，那些被我们重新定义的日常选择，正在编织新一代人的生存智慧。每天早晨，当你踩上自行车的脚踏板时，记得你的小小改变正在参与影响世界的进程。

6.7　农业生产减少的碳排放

在我国，农业同样也是碳排放的一个重要方面。《自然—食品》期刊 2021 年发布的研究报告显示，农业相关温室气体排放量约占全球排放总量的 34%；波士顿咨询集团于 2019 年发布的联合报告《通往农业碳中和之路》指出，农业主要的温室气体排放源有 7 个，包括牧场动物肠道发酵（26%）、化肥施用（14%）、有机土壤排水（8%）、水稻种植（0.67%）、农场能源消耗（0.53%）、粪便管理（0.39%）、农作物残余（主要指秸秆燃烧，0.44%），另外焚烧土地占 0.74%。由于农业机械化的发展、自动化的普及，能源消耗的占比越来越大。农业中排放的温室气体除了二氧化碳，还有甲烷和氧化亚氮，其温室效应分别为二氧化碳的 30 倍和 300 倍，主要来自动物肠道发酵和氮肥施用。但与此同时，农作物能够通过光合作用吸收二氧化碳、合成有机物，最终以有机碳的形式存储在土壤中。农业生产既是重要的温室气体排放源，又是一个巨大的碳汇系统。所以推进农业领域的碳减排，将是我们最终实现碳中和的必经之路。

图 6-7 农业减碳

那我们可以通过什么方法来减少农业上的碳排放呢？第一，可以通过土壤测试和作物需求分析实行精准施肥，以减少氮肥滥用产生的大量一氧化二氮；第二，可以优化耕作方式，通过轮作等方式在保持土壤有机碳的同时改善土壤质量；第三，可以调整饲料成分，减少反刍动物的甲烷排放；第四，由于水稻是国内粮食的主要来源之一，通过间歇灌溉减少稻田的淹水时间和推广耐旱水稻品种，可以大幅减少淹水过程产生的甲烷。此外，要通过政策和经济方法控制对森林的开垦，畜牧业上也要规范放牧以恢复退化的草地，增强碳汇能力。从长远来看，需要推广太阳能和风能等可再生能源，以减少能源相关的碳排放。从末端处理来看，可以将人畜粪便、作物残渣和有机废弃物进行堆肥等资源化处理，以减少焚烧和填埋过程中的碳排放，同时利用有机废弃物生产沼气，回收甲烷。

通过以上措施，不仅可以减少农业上的碳排放，还能提高生产效率和可持续性，为全球粮食安全和环境保护做出贡献。

6.8 地球系统工程的方法

地球系统工程实际上也是一项工程，只不过其规模较大，影响也比较深，且主要目的在于改造地球以适应人类的需求。在人类世的当下，最为火热的地球系统工程正是致力于减少温室气体排放、规避全球变暖的负面影响的地球工程。

向大气中注入气溶胶，这是目前人们接受度较高的一种工程。通过向大气中注入适量的颗粒物，如硫酸盐颗粒，可以增加大气对太阳辐射的反射，从而减少到达地表的太阳辐射，以此控制地球的温度。

冰川地球工程则是一种较为新型的地球工程。一种解决方案是通过建造护堤和岛屿，从露出地面的岩层上延伸或建在海底，人为地将冰架固定在两个冰川前面。例如，支撑冰川的冰架会被一个护堤恰好卡住，由此减缓冰架向海水中的移动。

建造护堤也能阻挡来自海洋中的温水对冰川的侵蚀。

格陵兰岛西部的雅各布港冰川是地球上移动最快的冰块之一。它对海平面上升的贡献比北半球任何其他冰川都大。来自大西洋的温暖水流经过一个海底山脊，侵蚀着雅各布港冰川的底部。使该海底山脊变高会减少温水的体积并减缓融化速度，从而形成更多的海冰，冰川会被固定在山脊上并被支撑。

冰川地球工程（来自 *Nature* 的论文：MOORE J C, GLADSTONE R, ZWINGER T, et al. Geoengineer polar glaciers to slow sea-level rise[J]. Nature, 2018, 555:303-305.）

图 6-8 地球系统工程的一个方法

通过从格陵兰岛大陆架上疏浚的砾石和沙子，可以在雅各布港冰川前方 5 千米长的峡湾上建造一堵高 100 米的墙。护堤的规模可与大型土木工程项目相近。

地球系统工程可谓是应对全球气候变化的一剂“猛药”，直到如今专家们对其评价仍有争议。但毋庸置疑的是，它的存在至少给了我们一种希望，也昭示着人类面对气候灾难的决心。

第七章

碳核算、碳交易和碳普惠

第二种是质量平衡法，体现了物质守恒的思想。第一章第一节的内容告诉我们，碳原子既不会凭空消失，也不会凭空产生，只能在不同物质形态之间转化（如燃煤、二氧化碳、一氧化碳、炭黑等），碳的输入量等于输出量。计算公式：二氧化碳排放 =(原料投入量 × 原料含碳量 - 产品产出量 × 产品含碳量 - 废物输出量 × 废物含碳量)×44/12。这个公式很好理解，原料投入量 × 原料含碳量即为碳的输入量；而碳的输出则主要有三种途径——以二氧化碳形式排放、留在产品中、作为废物被排出。因此，碳的输入量减去留在产品中和作为废物排出的碳，其余的碳就是以二氧化碳的形式排放。“×44/12”用于碳与二氧化碳之间的质量转换。这种方法可以较为简便地对企业进行碳排放核算，相较排放因子法，面对不同的设施和工艺流程，更加灵活准确。

第三种是实测法，即对排放源进行实际测量，分为现场测量和非现场测量。现场测量直接在烟气排放连续监测系统中安装碳排放监测模块，连续测量浓度和流速从而计算出碳排放量；非现场测量则是采集气体样品后送到有关部门实验室中用专业仪器测量碳含量。

碳核算的范围一般根据直接性和责任归属划分为三个层次。

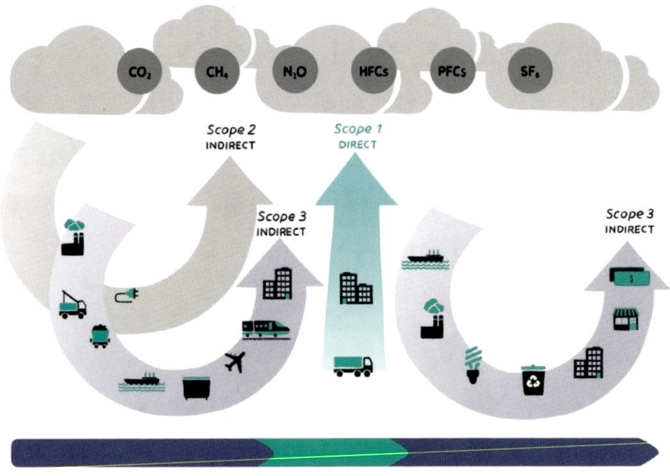

图 7-3　碳核算的三个范围

碳核算的三个范围

范围 1 是指企业直接控制的温室气体排放，移动燃烧建议改成企业自有交通工具的移动燃烧。

范围 2 是企业由购买的能源（如电、蒸汽等）产生的间接碳排放。一家企业可能不直接燃煤，但其生产所需的电力往往由燃煤电厂提供，因而燃煤电厂发电排放的二氧化碳也需要核算为企业的间接碳排放。

范围 3 是范围 1 和范围 2 外的所有其他间接温室气体排放，如员工差旅、物资运输等，通常占比大且核算难度高。

范围 1 好像你亲手点燃一根火柴，范围 2 是你用电网的电点亮了一盏灯，范围 3 则是你买了一辆车，除生产过程外，这辆车到报废所涉及的所有排放，即上下游产业链的排放。

7.3 为什么碳交易能减少碳排放？

在讨论碳交易（碳排放配额交易）如何减少碳排放前，须首先理解其运作机制。政府依据气候目标和行业排放数据，设定碳排放总量上限，并通过免费分配或拍卖等方式将碳排放配额发放至企业。企业可根据自身需求在碳市场上买卖配额，由此形成碳排放权的市场化定价。该机制的核心在于通过价格信号引导企业以最低社会成本减排，具体则通过短期成本优化和长期技术驱动两种路径实现。

短期内，减排成本低的企业通过超额减排形成富余配额，随后在碳市场上出售这些配额以获取收益。减排成本高的企业则通过从碳市场上购买配额来满足自身的碳排放需求。而长期来看，排放强度低的企业可通过出售富余配额获利，而排放强度高的企业须持续高价购买配额，两者均会主动寻求降低排放强度（如研发低碳技术）以规避成本或增加收益。

企业是会选择自行减排还是从碳市场上购买碳排放配额呢?

我们不妨考虑一个简单的例子：假如碳市场上有两家企业，一家是企业 A，它的减排成本为 50 元 / 吨；另一家是企业 B，它的减排成本为 150 元 / 吨。在政府发放完碳排放配额后，两家企业仍需要各减排 100 吨。那么假设你是企业 B 的管理者，是会选择自行减排还是从碳市场上购买碳排放配额呢？

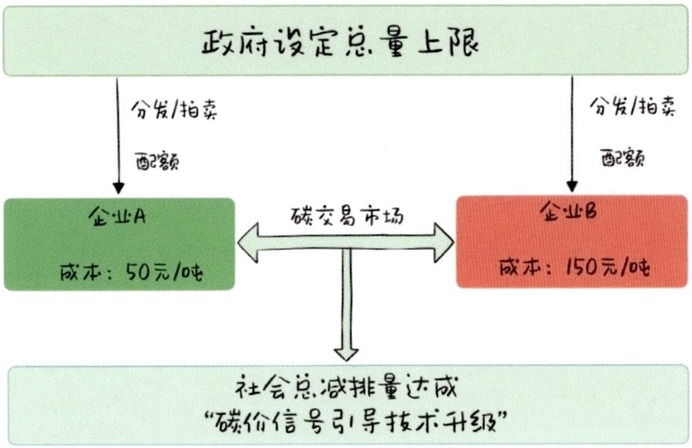

图 7-4 碳交易量的确定

我们简单考虑一下便会发现，显然是向企业 A 购买更为划算。因为其减排成本仅 50 元 / 吨，而企业 B 减排成本高达 150 元 / 吨，只要企业 B 以 50~150 元 / 吨的价格向企业 A 购买配额，那么这笔交易对于两家企业来说都是有利的。这是经济学中经典的例子，基于比较优势，自由透明的交易可实现帕累托最优。从社会角度来看，无论是企业 A 减排还是企业 B 减排，最终都体现为整体碳排放减少，所以碳市场的存在可以在短期内实现最低成本减排。而从长期来看，两家企业都有减少碳排放以增加收益或减少成本的激励，会倾向于采用低碳技术，进而降低社会整体的碳排放强度。

图 7-5 企业碳交易

7.4 一吨碳卖多少钱?

目前，我国的碳交易市场中有两类基础产品，一类是政府分配给企业的碳排放配额（CEA），这是目前碳市场中交易量最大的基础产品，可称为强制碳市场；另一类为中国核证自愿减排量（CCER），是对配额交易体系的一种补充，可称为自愿碳市场。企业按某种价格出售 CEA 或 CCER，由此获得经济利益，将节能减排所带来的气候效益变现。因此，碳交易市场上 CEA 和 CCER 的价格高低直接关系着企业的经济效益，是影响企业节能减排积极性的重要因素。CEA 和 CCER 的价格高低用每吨二氧化碳排放权的成交价格来衡量，简称“碳价”。

作为特殊类型的商品，CEA、CCER 与普通商品有着相同的价格涨跌规律，由市场供需关系决定着它们的价格。简单来说，当市场供应量高于市场需求量时，商品供应过剩、价格下跌；反之则供不应求、价格上涨。近年来，为了如期完成碳达峰目标，碳市场的行业覆盖范围不断扩大，开始由单一的发电业向水泥、铝冶炼、钢铁等其他行业扩展，这使得更多企业需要额外购买碳排放权来弥补自身的碳排放配额缺口。全国碳市场启动首日（2021 年 7 月 16 日）开市价为 48 元 / 吨，2023 年底综合价格收盘价达到 79.42 元 / 吨，2024 年 4 月 24 日综合价格收盘价首次突破 100 元 / 吨。

当然，碳价并不会一味上涨，随着节能减排技术的创新研发与大规模推广，企业生产对碳排放的依赖越来越弱。譬如上海电气集团于 2024 年发布了第三代碳捕集技术，将碳捕集成本从每吨 600 元降至 280 元，有望为碳市场提供大量 CCER 产品，控制碳价的上升幅度。

碳价的变化是气候变化、政策管控、技术革新等诸多因素共同作用的结果。在价格数字的涨跌间，我们不仅能洞悉碳交易市场供需关系的变化，还能看到人类社会绿色转型的缩影。

7.5 交易所如何促成碳交易？

就像买一瓶矿泉水需要走进超市，二氧化碳排放权同样有一个交易场所——碳交易所。与超市中的收银员不同，碳交易所的交易规则更加复杂与多样。

在碳交易所中，买家和卖家都要填写自己的“购物清单”。填写限价单，可以设定一个价格红线，指定明确的买入或卖出的价格，当市场价格达到或优于设定价格时才会成交。这有时可能会花费很长的等待时间，所以如果你很紧急，可以填写市价单，直接按当前最低卖价成交，牺牲比价时间去走“快速结账通道”。还有一种特殊订单叫作“冰山订单”，如果你是一个大买家或卖家，可以将大额订单拆分成多个小单，仅显示冰山一角，隐藏真实交易规模与意图，减少市场冲击，避免恶意哄抬价格等。

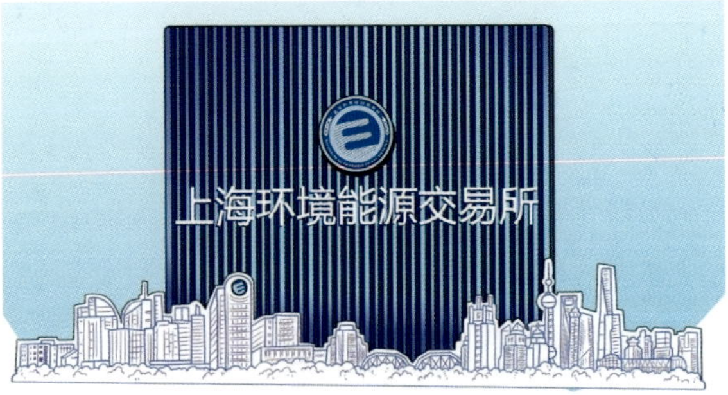

图 7-6　上海环境能源交易所

碳交易的成交方式

与超市的明码标价不同，交易所的定价方式更像是一场无声的拍卖会，“拍卖”方式在国内外不尽相同。欧盟市场选择连续竞价，价格每秒都在跳动，买卖双方可以随时出价随时成交；我国全国碳市场现阶段主要采用协议转让方式，其中挂牌协议交易以价格优先为原则，在对手方实时最优五个价位内以对手方价格为成交价依次选择，提交申报完成交易，大宗协议交易由交易双方就交易价格与交易数量等要素协商一致后确认成交。

前者波动更大但能推进市场快速反应、高效运行，后者能确保市场平稳起步、降低风险。为保证公平与效率，价格和时间成为两把严格的标尺。不同的碳交易市场会根据市场环境、监管要求在公平与效率间寻求平衡。

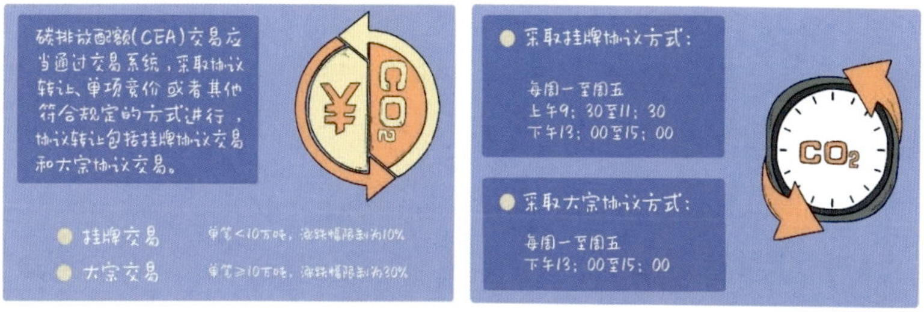

图 7-7 碳交易过程

碳交易市场在供需不平衡的时候也会出现碳价的短期飙升与跳崖下降，为了防止市场过热或暴跌，交易所设置了多种保护机制。中国碳市场规定挂牌协议交易每日的价格波动不超过 ±10%，比如昨日收盘价为 70 元/吨，那么今日的价格区间会严格限制在 63 ~ 77 元/吨。对于交易额度较大的交易，很容易引起市场的波动，交易所开启专门的大宗交易通道，单笔超过 10 万吨的交易可以协商价格。

碳交易所将过去看不见摸不着的二氧化碳排放权摆到“货架”上，为买家和卖家的交易提供了保障。但全球碳交易的发展尚在初期，面临政策不完善、数据监测难等问题，我们期待着更加公正、透明以及智能的碳交易市场。

7.6 企业为什么要参加碳交易？

一方面，企业参加碳交易是为了用最经济的方式，来响应国家强制减排的要求。

我们知道，国家会在综合考虑企业的生产需求、技术水平和国家减排需要之后，设置一个总排放上限，并以碳排放配额的形式分配给企业，作为其在规定时期内的排放额度；而这个额度可能大于也可能小于该企业的实际排放需求。企业获得配额后，可以根据自身实际情况对配额进行买卖，但必须在履约截止日期之前提交不少于自身排放量的配额。配额的分配和监督由生态环境部门决定和执行，具有强制性。

在这种情况下，对于碳排放量高于自身配额的企业，有两条路可选择：第一条路是开发新的绿色技术来减少碳排放量；第二条路是进行碳交易，购买排放量低于配额的其他企业手中多余的配额。所以对于企业来说，会选择最经济最节省成本的方法来达成目标。如果企业认为开发新技术比较实惠，就会选择第一条路；如果企业短期内实现技术革新的成本过高，就会选择第二条路。而对于碳排放量低于自身配额的企业，当然乐于出售多余的配额来盈利，对碳交易双方来说都是合适的买卖。从长远来看，碳交易也能激励企业发展绿色经济，提高能源效率，达到总体减排的目的。

另一方面，企业自愿参加碳交易，可以起到提高品牌形象、创造社会效益的作用，实际上自愿减排交易市场在强制性减排市场建立之前就已经存在了。

目前企业均根据规划用不同的方式处理碳排放配额，而未来可能会产生相关金融产品，比如企业可以将自己的碳排放配额交给碳资产托管机构等金融机构打理，来获取更高的收益。

7.7 什么是碳资产？

碳资产是指在碳排放权交易体系或碳减排项目中，由政府或国际组织分配的、企业通过减排措施产生的可量化、可交易的碳排放权益或信用。其核心是通过市场机制促进减排，推动低碳经济发展。碳资产具体包括碳排放配额、碳信用和碳金融产品。

通俗来讲，碳排放配额是政府分配给各个企业一定量的初始配额，企业如果通过技术革新进行节能减排后，排放量低于所给配额，那么就可以向其他企业出售该配额；而无法将碳排放限制在初始配额内的企业，则不得不花费更多的成本来购买排放额度。如此一来，碳排放配额就成为一种在市场上流通的商品，也就成为企业资产的一部分。

碳信用是指因碳减排项目（如可再生能源、森林碳汇、甲烷回收等）减少的温室气体排放量，经认证后形成的可交易资产。企业可以通过主动承担相关项目，产生额外减排量，获得碳信用，其他企业可以通过购买碳信用来抵消自身碳排放，以实现碳中和。与碳排放配额不同，碳信用是企业或个人自主减排行为所获得的一种可交易的资产。

强生出租车公司是著名的上海品牌。按碳资产的理念方法，其碳资产的计算过程如下。公司约有 2 万辆出租车，原来是燃油车，每天要消耗约 30 升汽油。现在将出租车改为电动车，减少的碳排放就变成了碳资产，可以拿来交易，卖出去赚取利润。全公司 2 万辆车每天约消耗 600 吨汽油，约 2.19 万吨 / 年。按汽油的碳排放系数为 2.925 1 $kgCO_2/kg$，折合碳资产 6.4 万吨 / 年。如果以碳交易价格 60 元 / 吨计算的话，则每年价值 384 万元 / 年。

碳资产还有哪些?

碳资产不仅限于碳排放权和碳信用，还衍生出了碳期货、碳基金、碳债券等金融工具。例如，碳期货可以理解为未来的碳排放指标买卖，在碳交易市场上，投资者可以买卖碳期货，押注未来碳价的变化，如果企业预计未来碳排放会增多，就可以提前在市场上买入碳期货合约，锁定未来的碳排放额度，避免未来价格上涨导致成本增加。

图 7-8　强生出租车

碳资产具有重要的价值和意义，主要体现在经济、环保和社会三个方面。首先，在碳交易市场中，碳资产可作为商品买卖，为低碳企业带来额外收益，同时降低高排放企业的减排成本。其次，碳资产的积累和管理有助于推动可持续发展，促进清洁能源、节能技术的应用，助力全球碳中和目标的实现。最后，各国政府日益加强碳排放监管，碳资产成为企业合规运营的重要组成部分，良好的碳资产管理不仅能降低政策风险，还能提升企业的绿色竞争力。

因此，碳资产不仅是一种金融工具，还是衡量环境责任和可持续发展的重要指标。未来，随着全球碳市场的完善，碳资产的价值将进一步提升，成为推动绿色经济转型的重要力量。

7.8　普通人如何参加碳交易？

理论上，每个人都会产生温室气体排放，比如开车、用电、使用天然气等。既然企业和工厂可以通过碳交易买卖排放权，那么普通人理论上也能够出售或购买碳排放权。虽然目前我国的《碳排放权交易管理暂行条例》主要针对重点排放单位（如大型企业），但有些地方已经允许普通人作为自然人参与碳交易了。

例如，广州碳排放权交易中心早在 2022 年就发布了《自然人会员开户指引》，详细说明了普通人如何参与碳交易。按照指引准备好相关资料并完成开户流程，就可以成为一名碳市场的参与者。

在碳市场中，普通人可以交易两种主要的产品：试点碳市场的配额和 CCER。

试点碳市场的配额是由地方政府分配给企业的碳排放额度，这些配额只能在当地市场流通，不能在全国范围内使用。CCER 则是一种全国通用的碳减排凭证，它代表通过植树造林、可再生能源项目等方式减少的碳排放量。普通人可以购买或出售 CCER，而且它的用途更广泛，既可以用于企业的碳排放抵扣，也可以用于个人的自愿减排活动。

图 7-9　普通人参加碳交易的过程

碳交易与股票交易

碳交易与股票交易在本质上其实很相似。在股票交易市场上，投资者通过买卖股票获得收益或承担亏损；在碳交易市场上，参与者是通过买卖碳排放权获利或亏损。碳排放权的价值会随着市场需求的变化而波动，所以持有碳排放权的人也需要关注市场的动态。

举个例子，上海碳普惠减排量依据 I 类和 II 类方法学签发的均可以用于自愿减排市场交易、公益捐赠，也可以用于自愿碳抵消、自愿碳注销或者生态环境损害赔偿。其中依据 I 类方法学签发的减排量还可以用于上海碳市场配额履约抵消。两类减排量适用范围不同、价值也不同。

除了这种在碳交易市场上购买碳排放权的形式，国际上目前还有出售“碳信用”的形式。

碳信用是一种证明某人或某个项目减少了特定数量碳排放的凭证。个人可以通过支持环保项目（如植树造林、可再生能源开发）获得碳信用。这些碳信用可以出售给需要的企业，或者用于抵消自己的碳足迹。

这就像投资一样，通过支持环保项目，帮助减少碳排放，同时还能获得经济回报。如此一来，既保护了环境，又创造了经济效益。

7.9 碳普惠的“普惠”是什么意思？

碳普惠与我们之前讲到的碳交易有所不同。碳交易的主体主要是需要进行碳排放的企业，个人即使参与碳交易，也往往将其作为一种投资。碳普惠则通过低门槛、多样化的方式让全体社会成员都能参与碳减排行动并从中获得激励，实现环境效益与社会公平的双重目标。

上海碳普惠的参与主体包括机关、企事业单位、社会团体、其他社会组织或个人，可以依托网络平台，对低碳行为的减碳量进行量化。公众则可用其被量化的减碳量在碳普惠平台上换取商业优惠、兑换公共服务等。近年来，在支付宝用户中走红的“蚂蚁森林”就是一个碳普惠平台的典型例子。碳普惠之所以被称为“普惠”，是因为其降低了门槛，普通民众、社区、小微商户等难以触及传统碳市场的群体都能够参与进来。其让普通大众能通过简单的日常环保行为减少碳排放，“普”适性强。同时，参与者可以用减少的碳排放兑换商品、现金折扣等，享受到减排带来优惠的同时也收获了社会认同感，“惠”及大众。除此之外，碳普惠机制能够弥补“碳市场仅服务大企业”的短板，让通常在气候变化治理中易被忽视、常受到利益损害的弱势群体也能从低碳转型中获益，让减碳更“公平”。

上海市生态环境局也积极鼓励公众参与碳普惠，居民使用地面公交、轨道交通、互联网租赁自行车和纯电动乘用车绿色出行时，都可以在“随申办市民云”的碳普惠专区记录低碳行为获得相应的碳积分。居民使用碳积分可在积分商城换取优惠券等商品。

图 7-10 “随申办”小程序碳普惠专区

碳普惠的“普惠”本质是将气候变化应对普及化，让每个普通人从“旁观者”变为“行动者”。“碳普惠不是‘锦上添花’，而是‘人人有责、人人有权’的低碳社会基石。” 通过降低参与门槛、共享减排红利，这一机制正重新定义全球气候行动的公平性与包容性。

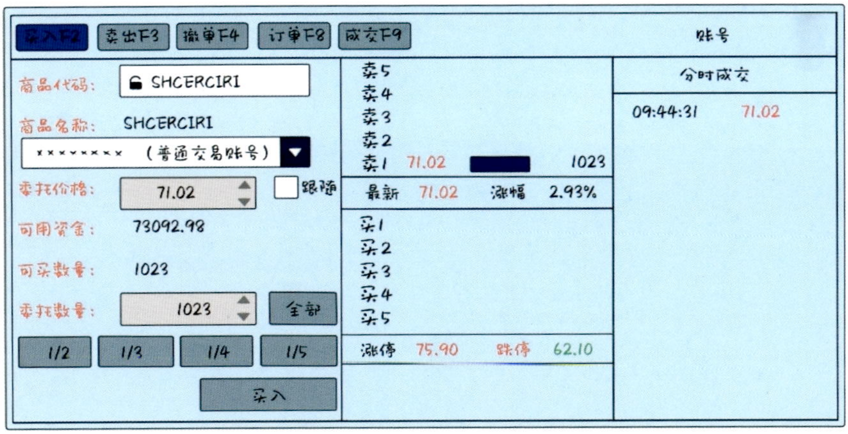

图 7-11 碳普惠的具体交易界面

上海首例碳普惠减排量用于生态环境损害赔偿替代性修复

上海首例碳普惠减排量用于生态环境损害赔偿替代性修复案例是一个有示范意义的案例。简单来说，一家公司违法占用了长江口的滩涂资源，被上海市检察机关提起环境公益诉讼，法院判决该公司赔偿生态环境服务功能损失 73 158 元，以购买上海碳普惠减排量的方式履行。公司在上海碳排放交易平台购买 1 024 吨碳普惠减排量，实现减排量注销，履行环境损害赔偿司法责任，得到法院认定。这一“环境损害—环境赔偿—购买碳普惠—完成执行”的链条，打通了环保和低碳的公众参与链条。上海环境能源交易所与参与碳普惠的众多普通市民低碳行动一起获得了 73 158 元回馈，通过碳普惠的努力，共同保护了环境。

第八章

上海应对全球变化

8.1 上海的一天

上海市作为我国最大的经济中心城市之一。每天在这里上演着无数的生产、生活、生态的故事。2024 年，上海市平均每天产生的国内生产总值（GDP）约是 147.27 亿元。在这巨大数字的背后，意味着文明的进步和城市的发展，也意味着这个城市中广大的碳排放。

表 8-1　统计：上海的一天

指标	单位	绝对值
上海市生产总值	亿元	82.56
地方一般公共预算收入	亿元	18.20
商品销售总额	亿元	309.93
社会消费品零售总额	亿元	32.41
上海关区货物进出口总额	亿元	163.53
外商直接投资实际到位金额	万美元	4 659.73
港口货物吞吐量	万吨	205.62
国际旅游入境人数	万人次	2.39
机场进出港旅客	万人次	30.65
市内公共交通客运量	万人次	1 793.70
用电量	亿千瓦时	4.18

资料来源：2024 年上海市全年 GDP 为 5.39 万亿元，每天 147.27 亿元。（上海市人民政府）

开放包容，大气谦和。上海是一个巨大的、多样的、包容的、大气的、发展的城市。城市中的碳源结构复杂多样，涵盖了工业、交通、建筑、能源等多个领域。然而，也正是这种复杂性，也为上海的低碳转型和绿色发展提供了丰富的切入点和创新空间。

8.2 上海的碳源

在这里，我们从农业、工业、服务业、居民生活等几个方面，来看一下上海的碳源是如何产生的。

第一是居民生活。截至2024年底，上海市常住人口有2 400万余人，还有巨大的流动人口。他们生活需要开空调，用电暖气，用电脑，用电磁炉，开灯，做饭，用煤气热水器洗澡，这些都需要能源消耗，会产生碳排放。以2022年为例，根据《上海统计年鉴》的数据，上海居民的能源消耗总量是巨大的，具体数据如表8-2和表8-3所示。

表8-2 上海市平均每人生活用能源（2020-2023年）

能源品种	2020年	2021年	2022年	2023年
生活消费能源总计/千克标准煤	530.27	557.72	585.19	572.53
煤炭/千克	1.61	1.41	1.01	0.81
天然气/立方米	68.94	68.83	77.22	75.67
液化石油气/千克	6.34	6.33	7.09	6.74
电力/千瓦时	1 034.83	1 116.84	1 292.69	1 214.50

表8-3 上海市平均每天各种能源消费量（2020-2023年）

能源品种	2020年	2021年	2022年	2023年
合计/万吨标准煤	30.41	32.01	30.00	32.31
煤炭/万吨	9.15	10.97	10.57	10.75
焦炭/万吨	1.73	1.69	1.70	1.70
燃料油/万吨	1.75	1.77	1.67	1.52
汽油/万吨	1.28	1.33	1.09	1.24
煤油/万吨	1.37	1.51	1.02	1.91
柴油/万吨	1.21	1.27	1.07	1.18
天然气/亿立方米	0.26	0.27	0.26	0.29
电力/亿千瓦时	4.32	4.79	4.78	5.07

第二是工业生产。上海市曾经是中国民族工业的发祥地，至今仍然在工业生产领域保持着巨大的体量和产业优势。其背后是巨大的能源消耗和碳排放。表 8-4 给出了上海仍有的工业门类及其碳排放情况。

表 8-4 上海市规模以上工业分行业能源消耗量（2023 年）

类别	综合能源消费量（等价值）/万吨标准煤	综合能源消费量（当量值）/万吨标准煤
总计	4 771.47	5 040.20
五大高载能行业	3 644.79	4 440.62
按工业行业分		
制造业	4 458.24	3 668.98
农副食品加工业	21.16	14.33
食品制造业	46.39	30.63
酒、饮料和精制茶制造业	7.89	5.06
烟草制品业	5.56	3.14
纺织业	10.48	6.25
纺织服装、服饰业	4.86	3.04
皮革、毛皮、羽毛及其制品和制鞋业	1.59	0.73
木材加工和木、竹、藤、棕、草制品业	2.38	1.57
家具制造业	5.55	2.72
造纸和纸制品业	17.12	11.41
印刷和记录媒介复制业	12.70	6.43
文教、美工、体育和娱乐用品制造业	4.58	2.28
石油加工、炼焦和核燃料加工业	838.66	817.74
化学原料和化学制品制造业	1 193.31	1 027.54
医药制造业	57.89	35.78
化学纤维制造业	3.23	1.73
橡胶和塑料制品业	87.16	44.22

续表

类别	综合能源消费量（等价值）/万吨标准煤	综合能源消费量（当量值）/万吨标准煤
非金属矿物制品业	75.45	52.90
黑色金属冶炼和压延加工业	1 278.03	1 205.59

第三是服务业。服务业是上海市真正的产业高地，数不清的高楼大厦、地铁高架、车流滚滚、快递外卖、银行证券、设计研发、宾馆饭店、步行街小吃街、大中小学、机关医院、公共机构，贡献了 3/4 以上的上海 GDP，为更多的人口创造了就业和收入，是这个城市的灵魂。可想而知，更高水平服务的背后，碳排放和其他资源环境消耗可能就会更高。

第四是农业。虽然上海是个大城市，但农田、设施农业、荒野、各地自然保护地的面积，仍然占全市陆地面积的 1/3。这些农牧渔产品的生产，显然也有大量的碳排放。农业种植过程中施用的化肥，其生产和使用会释放出一氧化二氮等温室气体，而畜禽养殖所产生的粪便，在分解过程中也会排放甲烷。这些看似不起眼的农业活动，也在为上海的碳源“添砖加瓦”。

第五是城市运行的相关产业，包括航空、高铁、汽车、地铁、物流、外卖，以及供水、供电、供气等，它们显然也是城市碳源的重要贡献者。

上海的碳源管理不仅是一个技术问题，还是一个社会问题。它需要政府、企业和社会各界的共同努力。政府通过政策引导和监管，推动产业结构调整和技术创新；企业通过节能减排和绿色转型，履行社会责任；社会各界通过宣传和教育，提高公众的低碳意识和参与度。只有通过全社会的共同努力，上海才能在应对气候变化的道路上走得更远。

中国碳足迹核算通则国家标准《温室气体 产品碳足迹 量化要求和指南》（GB/T 24067—2024）

由中国生态环境部提出并指导制定、国家市场监督管理总局（国家标准委）发布的这一标准，是国内产品碳足迹核算通用标准的首部标准，为研究编制具体产品碳足迹核算标准提供指导。可以推进具体产品碳足迹核算标准编制和数据核算，摸清产品碳排放“家底”，因此是加快构建我国产品碳足迹管理体系的重要基础，有利于发掘企业和上下游产业链节能降碳潜力，有利于帮助企业提高产品低碳竞争力和贸易竞争优势。

8.3 上海的碳汇

在全球气候变化的背景下，碳汇的重要性日益凸显。碳汇，简单来说，就是自然界中能够吸收二氧化碳的“储存库”，主要包括森林、海洋、湿地和城市绿地等生态系统。上海作为一座国际化大都市，在城市化进程中，如何保护和增加碳汇，成为实现低碳发展的重要课题。

首先，城市中的公园和绿地无疑是重要的“绿色功臣”。上海的世纪公园，占地面积达 1.4 平方千米，园内植被丰富，种植了大量的乔木、灌木和草本植物。这些绿色植物通过光合作用吸收二氧化碳，并将其转化为自身生长所需的物质，同时释放出氧气。

其次，上海的湿地同样是不容小觑的碳汇力量，如崇明东滩湿地、九段沙湿地等。以崇明东滩湿地为例，其是长江口规模最大、发育最完善的河口型潮汐滩涂湿地，自然保护区总面积达 241.55 平方千米。湿地中的芦苇、碱蓬等植物生长茂盛，它们在生长过程中大量吸收二氧化碳。并且，湿地独特的厌氧环境有利于土壤中有机碳的积累，使湿地成为长期的碳储存库。据估算，崇明东滩湿地每年的固碳量可达数万吨，对缓解上海的碳排放压力起到了重要作用。同时，上海也出台了《上海市湿地保护专项规划》，明确了湿地保护的范围和措施，确保湿地资源得到有效保护。

除了自然形成的碳汇区域，上海在城市建设中也积极打造人工碳汇。比如许多新建的绿色建筑，采用了绿色屋顶和垂直绿化技术。绿色屋顶即在建筑物顶部种植植物，这些植物不仅美化了建筑外观，还能吸收二氧化碳。垂直绿化技术则是在建筑物的墙面、阳台等垂直面上进行绿化，增加城市的绿色空间，提升碳汇能力。一些商业综合体和居民小区，通过实施绿色屋顶和垂直绿化项目，为城市碳汇贡献了自己的力量。

最后，海洋生态系统也是上海碳汇的重要组成部分。上海作为沿海城市，拥有广阔的海域和丰富的海洋生物资源。海洋植物（如藻类植物和红树林）通过光合作用吸收大量的二氧化碳，并将其固定在海洋生态系统中。上海通过加强海洋生态保护，推动海洋碳汇的增加。例如，上海在东海海域开展了多项海洋生态保护项目，通过恢复海洋生态系统，提高海洋碳汇能力。

上海的碳汇建设，不仅有助于应对全球变化，还极大地改善了城市的生态环境。清新的空气、优美的绿化景观，都与这些碳汇息息相关。我们每个人都能为保护和增加碳汇出一份力，比如积极参与植树造林活动，爱护身边的花草树木。当我们在城市中漫步，欣赏着这些绿色景观时，不妨想一想它们为城市碳汇所做出的贡献。

8.4 上海的低碳

上海在低碳发展的道路上可谓是一路“狂飙”，诸多举措正深刻改变着城市的面貌，引领着我们迈向更绿色、更可持续的未来。

低碳交通，绿色出行已成新风尚。新能源汽车的推广进程如火如荼。上海街头，越来越多的纯电动汽车和混合动力汽车穿梭其中。为了鼓励市民使用新能源汽车，政府出台了一系列优惠政策，如购车补贴、免费停车等。同时，充电桩等基础设施建设也在加速推进，减少了人们对续驶里程的担忧。同时，截至2023年，上海地铁运营里程已超过800千米，日均客运量超过1 000万人次。地铁的便捷性和高效性不仅缓解了交通压力，还显著减少了私家车的使用频率，从而降低了交通领域的碳排放。此外，上海还鼓励市民选择绿色出行方式，如步行、骑行等。通过建设完善的步行道和自行车道网络，上海为市民提供了更加安全和舒适的出行环境。在一些商业区和旅游景点，共享单车的普及让市民和游客可以轻松地选择低碳出行方式。

低碳工业，绿色经济的新动力。上海的企业积极践行低碳理念。许多传统制造业企业通过技术创新，实现了节能减排。钢铁企业创新地采用先进的高炉炼铁技术，提高了能源利用效率，减少了煤炭等化石能源的消耗，从而降低了二氧化碳排放。还有化工企业，对生产工艺进行优化，采用循环利用技术，将生产过程中的废弃物转化为可再利用的资源，既减少了污染，又降低了碳排放。一些企业还积极参与碳交易市场，通过出售多余的碳排放配额，激励自身进一步节能减排。

低碳建筑，绿色城市的新地标。上海新建的许多建筑都遵循绿色建筑标准，从设计、施工到运营，全过程贯彻低碳理念。这些建筑采用高效的保温材料，减少冬季供暖和夏季制冷的能源消耗。同时，大面积使用节能门窗，提高建筑的气密性。一些建筑还配备了太阳能光伏板，利用太阳能发电，满足部分建筑用电需求。比如上海建科徐汇科技园建科中心，作为绿色建筑的典范，通过多种节能技术的应用，实现了较高的能源自给率，大幅降低了建筑运行过程中的碳排放。

低碳生活，绿色生活的新潮流。上海通过各种渠道宣传低碳生活理念。学校、社区、媒体等纷纷开展低碳生活宣传活动，让市民了解低碳生活的重要性和具体做法。目前，垃圾分类行动已成为上海市民生活的一部分，通过正确分类垃圾，可回收物得到了有效回收利用，减少了垃圾焚烧和填埋产生的温室气体排放。越来越多的市民选择绿色出行，除了乘坐公共交通，共享单车也成为许多人短距离出行的首选。在家庭中，节能灯具的普及、节水器具的使用等，都体现了市民对低碳生活的追求。

上海的低碳发展，不仅是为了应对全球变化，更是为了提升市民的生活品质。蓝天白云下，清新的空气、便捷的绿色出行，让我们的生活更加舒适。作为上海的居民，我们每个人都是低碳发展的参与者和见证者。我们的每一个选择，无论是在出行方式上的改变，还是在消费习惯上的调整，都在为上海的低碳发展贡献着自己的力量。

长三角生态绿色一体化发展示范区

长三角生态绿色一体化发展示范区是上海市青浦区、江苏省苏州市吴江区、浙江省嘉兴市嘉善县交界的地方，面积为 2 300 平方千米。这里是传统的江南水乡，又在建设零碳水乡客厅。推动产业、能源、交通、建筑、消费、生态等领域近零碳技术产品的综合集成应用，大力探索减源、增汇、替代的近零碳路径，一体打造在区域、全国乃至全球具有引领作用的碳达峰碳中和引领区与样板间。

8.5 上海的碳达峰碳中和

了解了上海的“碳源”和“碳汇”，知道哪些活动会产生碳，哪些地方能吸收碳。下一步就是碳达峰，即碳的净排放量达到顶峰，再下一步是碳中和，让城市的碳的排放量和碳的吸收量达到平衡，最后甚至实现不排放碳的“零碳”。无疑，碳达峰碳中和是一幅宏伟的蓝图，不是一蹴而就的魔法；不仅是应对气候变化的环保任务，还是上海城市高质量发展的新引擎。

为此，上海在 2022 年制定《上海市碳达峰实施方案》，其主要目标是，到 2025 年，非化石能源占能源消费总量比重力争达到 20%。到 2030 年单位生产总值二氧化碳排放比 2005 年下降 70%，确保 2030 年前实现碳达峰。该方案还推出了“碳达峰十大行动”，见表 8-5。

表 8-5　上海市碳达峰的十大行动

序号	行动名称	行动内容
1	能源绿色低碳转型行动	发展风能、太阳能等非化石能源，严格控制煤炭消费
2	节能降碳增效行动	推进节能精细化管理，实施重点领域节能降碳工程
3	工业领域碳达峰行动	产业结构优化升级，遏制“两高一低”项目发展
4	城乡建设领域碳达峰行动	推动建筑绿色低碳转型，推广太阳能建筑装配一体化
5	交通领域绿色低碳行动	优化交通运输结构，推动运输工具低碳转型
6	循环经济助力降碳行动	建成固体废弃物循环利用体系，推进源头减量和再生利用
7	绿色低碳科技创新行动	提升低碳、零碳、负碳科技创新策源能力
8	碳汇能力巩固提升行动	推进绿地、林地、海洋、湿地融合发展，实施千座公园计划
9	绿色低碳全民行动	增强全民节约意识、低碳意识，倡导简约适度消费
10	绿色低碳区域行动	支持崇明岛、宝武集团等开展碳达峰碳中和试点示范

8.6　上海碳中和技术

碳达峰碳中和的实现离不开硬核科技的支持。上海正积极投入研发和应用各类绿色低碳技术，让它们成为“减碳吸碳魔法师”。通过将不同技术有机结合，并利用数字化手段对其进行精细化管理和优化，就可以实现更大的减排潜力、更高的能源效率和更强的系统韧性，形成智能化的城市绿色基础设施。

表 8-6 上海碳中和技术

领域	方向	内容
能源领域的“绿色引擎”	可再生能源的崛起	风能、太阳能，推进海上风电和“光伏+”工程，在工业园区、公共机构、商业建筑屋顶等实施分布式光伏发电，让城市的每一个角落都可能成为“发电站”
	新型储能技术	新型储能如电化学储能、飞轮储能、超高温熔盐储能等，以提升电网的峰谷调节能力和运行水平
	氢能的未来	在交通、工业、港口等领域推广氢能应用，探索氢燃料电池叉车、氢能船舶
建筑领域的“节能魔法”	超低能耗建筑	以先进的设计和技术，最大限度地减少能源消耗，把建筑变成“会呼吸的智能盒子”
	既有建筑节能改造	对公共建筑、居住建筑进行节能改造，就像给老房子穿上“节能外套”
	建筑可再生能源应用	太阳能建筑装配一体化，推动建筑“光伏+”应用，让建筑本身就能生产清洁能源
工业与交通的“绿色升级”	工业绿色制造	通过产业结构优化、工艺流程升级、清洁生产技术改造等方式实现高能耗行业碳达峰
	交通工具新能源化	公共领域、非道路移动机械的清洁能源或新能源转型，推广新能源汽车，航空航运领域绿色燃料应用
循环经济的“变废为宝”	固体废弃物资源化利用	生活垃圾分类，建筑废弃混凝土再利用，让废弃物不再是负担，而是可以循环利用的资源

崇明“渔光互补”项目

在美丽的崇明岛，有一种特别的发电方式！水面上铺设着一排排蓝色光伏板，它们吸收阳光发电，同时为下方池塘里的生物提供凉爽舒适的生长环境。池塘里养着肥美的大闸蟹和鱼虾，光伏板在发电的同时还能减少水分蒸发。这真是科技与自然的完美结合，既能发电又能养殖，一地两用，实现了生态和经济的双赢。

8.7 上海的碳金融

碳不仅是技术问题，也是经济问题。上海作为国际金融中心，正运用金融的“魔力”，让资金流向绿色产业和低碳行为，让环保变得更有“价值”，让普通市民也能参与其中，享受绿色福利。通过为碳排放定价，为低碳行为提供奖励，上海不断创新金融产品和服务，对接不同类型绿色项目的融资需求，降低绿色转型的成本和风险，吸引更多社会资本投入绿色领域。

碳排放权交易市场——让碳有“价”，上海是我国最早的碳排放权交易试点市场，交易产品包括上海碳排放配额（SHEA）和上海温室气体自愿减排交易产品（SHCERCIR）等。企业可以通过购买 SHEA 或 CCER 来履约。上海碳市场现货产品总成交量位居全国前列。

绿色信贷与绿色债券——金融机构是绿色发展的重要支持者。除了为项目发放绿色信贷，上海还创新发展了环境权益、生态保护补偿抵质押融资，以及能效信贷、绿色信贷资产证券化、碳中和资产支持商业票据等多种信贷产品。上海支持金融机构和符合条件的企业发行绿色债券，通过信用风险缓释凭证和担保增信等方式，降低绿色低碳企业发债难度和成本。

碳普惠——让低碳行为有“价”，碳普惠机制让普通市民也能参与碳中和，量化个人的绿色生活生产方式并给予商业激励。在“随申办”平台中有专门的碳普惠专区，个人可以在此开通碳账户，授权减排场景（如绿色出行、节约用电）来记录减排量，并转换为“碳积分”。这些碳积分可以用于兑换数字人民币红包、视听平台会员、各类优惠券、IP 周边产品等虚拟权益及实物商品。

ESG 投资——环境、社会和治理（environment, social and governance，ESG）正日益成为投资决策的重要因素。上海推动建立金融市场 ESG 信息披露机制，开发更多基于 ESG 投资理念的金融产品，提高投资人 ESG 投资意识。

8.8 上海碳中和与"一带一路"

上海不仅是中国的经济中心，更是连接世界的窗口。它在碳中和方面的探索和实践，正成为中国乃至全球绿色发展的重要推动力。上海是"一带一路"中的"绿色节点城市"，是一个向外辐射、连接全球的枢纽，在绿色发展领域扮演积极的国际角色是上海未来的目标。

这意味着上海在全球气候治理中具有独特的战略价值。通过将中国的绿色发展理念、技术和资金与已同中国签订共建"一带一路"合作文件的国家的需求相结合，上海可为全球应对气候变化贡献中国方案和力量，提升在国际舞台上的绿色领导力。

上海在中国碳中和战略中的引领作用主要有：（1）先行先试的示范区：作为超大城市，上海在碳达峰碳中和方面的探索和实践，为我国其他城市提供了经验和模式；（2）技术与经验的输出：上海在能源、工业、建筑、交通等领域的绿色低碳技术创新和应用，可以辐射到长三角乃至全国，带动相关产业的绿色升级；（3）国际交流平台：举办国际碳中和博览会等活动，搭建了全球性的绿色低碳技术产品和业务服务交流合作平台，促进国际国内经验互鉴。

上海在"一带一路"绿色发展中的贡献主要有：（1）服务绿色"一带一路"：上海致力将"一带一路"打造成绿色丝绸之路。（2）绿色基础设施与技术输出：上海的企业积极参与"一带一路"共建国家的新能源开发利用、节能环保等项目建设，输出经济投资、绿色技术和装备，还包含了明显的 ESG 要素。（3）绿色供应链与可持续发展：上海推动绿色低碳供应链建设，带动当地经济社会可持续发展，以赢得当地居民的信任和认可。（4）绿色金融支持：上海加快打造国际绿色金融枢纽，为“一带一路”共建国家的绿色项目提供融资支持，助力其绿色转型。

“一带一路”案例：上海电气于迪拜建设700MW光热+250MW光伏太阳能电站

在阿联酋迪拜的沙漠中，矗立着一座由上海电气总承包建设的全球最大光热+光伏太阳能电站，它如同巨大的向日葵，将阳光转化为源源不断的绿色电力！这个项目不仅在技术上实现了突破，每年还能减少160万吨碳排放，为迪拜的绿色能源战略贡献了中国智慧和上海力量，是“中国技术、装备、工程走出去”的亮丽名片。

8.9 碳和“美丽上海”

“美丽上海”是上海市民共同的梦想，它意味着更宜居的环境、更健康的生活。碳中和与“美丽上海”紧密相连，从绿色空间到生活方式，碳元素正在悄然改变着我们城市的每一个角落，这是如何做到的呢？

彰显空间之美：从碳汇角度，碳中和推动城市加强生态空间管控，扩大绿地、林地、湿地面积，实施“千座公园计划”，构建各美其美的新格局。这些碳汇功能区同时也是市民休闲的绿色空间，让城市变得更加宜居。

彰显发展之美：碳中和促进产业结构转型升级，发展绿色低碳新赛道产业，建设绿色制造示范单位和“零碳”示范单位。这让城市发展更具可持续性和美感，摆脱了传统的粗放式发展模式。

彰显环境之美：碳中和的努力直接改善了城市环境。减少$PM_{2.5}$、挥发性有机物（VOCs）等污染物；实现城市污水全收集、全处理；实施噪声等各类污染防治。这些举措让城市环境更清新、宁静。

彰显生活之美：碳中和倡导绿色低碳全民参与，推广绿色出行，鼓励低碳消费，并通过碳普惠机制激励市民践行绿色生活方式。这让市民生活更健康、更文明，形成一种积极向上的绿色文化。

未来的上海，在碳中和的赋能下，将呈现出令人向往的绿色画卷。这里有绿色能源的城市脉搏：城市电力主要来自风能、太阳能等清洁能源，建筑屋顶和立面都可能成为“发电站”。这里有会“呼吸”的智慧建筑：建筑将是超低能耗的，能自动调节室内温度和光线，甚至能回收利用雨水和废弃物。这里有无处不在的绿色空间：公园、绿道、社区花园遍布城市的每个角落，不仅是吸收二氧化碳的“碳汇”，更是市民亲近自然、放松身心的好去处。这里有低碳出行的城市风景线：新能源汽车、共享单车、便捷的公共交通成为主流，步行和骑行成为时尚，城市交通更顺畅、空气更清新。整个城市成为一个循环高效的生命体：垃圾分类、资源回收成为日常，废弃物被高效转化为资源，城市像一个巨大的“生态工厂”，实现资源的循环利用。最重要的是全民参与的绿色文化：绿色低碳不再是口号，而是每个上海人的生活习惯，成为城市独特的文化名片。

展望未来，一个碳中和的上海，将是一个更清洁、更智能、更宜居、更美丽的城市，不仅是中国的绿色典范，也将继续为全球的可持续发展贡献智慧和力量。

第九章

普通上海市民如何应对气候变化和参加碳普惠

9.1 衣的低碳

旧衣物的捐赠与回收是减少资源浪费和环境污染的有效途径。在当前的消费文化下，服装更新换代的速度加快，导致大量旧衣物被丢弃。这些被丢弃的衣物如果得不到妥善处理，将占用宝贵的垃圾填埋场空间，并可能在焚烧过程中产生有害气体，加剧温室气体排放。通过旧衣物的捐赠与回收，可以减少这种处理方式对环境的影响，促进资源的循环利用。

同时，旧衣物的回收和再利用能够显著降低服装产业的碳排放。服装产业是从原材料的种植、提炼到成衣的生产、运输，每个环节都会产生碳排放的产业。通过回收旧衣物，可以减少对新原料的需求，节约生产新衣物所需的资源，从而在整个供应链上减少碳排放。

图 9-1　不回收旧衣物与回收旧衣物，不光盘行动与光盘行动

在上海，许多市民家中的衣柜堆放着不用的旧衣物，许多社区为此设置了旧衣回收箱，方便市民捐赠旧衣物。这些回收的衣物经过分类处理后，一部分会被捐赠给有需要的人群，另一部分会被加工成其他产品，如清洁抹布、填充料等，实现资源的再利用。例如，有些旧衣物会被送到专业的回收工厂，经过消毒、拆解、分类等工序，制成新的纺织品或保温材料。

对于普通市民来说，参与旧衣物捐赠与回收非常简单。首先，要养成将不再穿的衣物进行分类的习惯。将那些仍然完好、可以继续穿着的衣物捐赠出去。在捐赠前，最好先将衣物清洗干净，折叠整齐，用塑料袋或编织袋装好，便于回收处理。其次，可以关注社区或相关机构组织的旧衣捐赠活动，将旧衣物送到指定地点，如 2025 年上海邮政主办的“绿色上海，邮爱同行”主题公益活动等。此外，还可以通过一些线上平台参与旧衣回收，平台能够通过上门回收等方式解决回收烦恼，如“清舍旧衣回收”等平台。

9.2 食的低碳

光盘行动直接关系到食物浪费的减少，而食物浪费在全球范围内是导致温室气体排放的重要因素之一，减少食物浪费，尤其是餐桌上的浪费，对于降低碳排放具有直接和实际的影响。例如 2020 年 4 月世界地球日，共青团中央联合中华环保基金会和光盘打卡曾推出“2020 重启，从光盘做起”光盘接力挑战赛。4 月 22 日至 28 日，通过使用光盘打卡小程序，成功地鼓励了大量参与者减少食物浪费。活动期间，累计光盘打卡次数超过 100 万，相当于减少食物浪费 55 吨、减少碳排放 196 吨。

在上海，餐饮业的规模巨大，对于普通市民来说，大家可以根据自己的食量合理点餐，避免浪费。例如，在餐厅用餐时，可以先点少量的菜品，不够再加，这样既能满足口味需求，又能避免食物浪费。同时，市民还可以在家中合理规划饮食，根据家庭成员的饮食习惯和需求购买适量的食材，减少因过量购买导致的食物浪费。

除了光盘行动，普通市民还可以通过其他方式减少食物浪费和碳排放。例如，支持本地农产品能减少因长距离运输而产生的碳排放。在上海，有许多农贸市场和社区支持本地农产品销售，市民可以方便地购买到本地生产的农产品，既新鲜又环保。上海市崇明区凭借其优秀的自然条件以及农产品种植技术，能够为上海市民提供优质的本地生态农产品。

9.3 住的低碳

垃圾分类、节约用水和合理使用空调是上海市民应对气候变化的重要低碳生活方式。

垃圾分类是低碳生活的重要一步，它能让资源得到更好的利用，减少垃圾填埋和焚烧带来的温室气体排放。上海在这方面的工作位于全国领先的地位，实现了原生生活垃圾“零填埋”，回收利用率达到 42%。对于市民来说，垃圾分类并不复杂。厨房放湿垃圾桶，客厅和阳台放干垃圾桶，可回收物和有害垃圾单独收集，定期投放到小区指定地点。这样不仅让垃圾有了“家”，还能让资源循环利用，减少对新资源的需求，从而降低碳排放。

节约用水与国家“双碳”目标息息相关。水资源的高效利用能降低能源消耗和碳排放，尤其是在农业、工业和城镇生活等关键领域。市民在日常生活中可以通过多种方式节约用水，比如安装节水龙头，使用节水马桶，洗衣服时选择节水模式，用洗菜水浇花等方式都能增加水的利用效率。这些小小的改变，不仅能减少水费支出，还能为环境保护贡献力量。

图 9-2　垃圾不分类与垃圾分类，不节约用水与节约用水

空调使用阶段的碳排放占其生产使用全过程中碳排放的绝大部分。优化空调使用习惯，尤其是调整温度设置，能显著减少碳排放。以一台 1.5 匹的空调为例，一级能效的耗电量只有三级能效的 70%，一年能减少 18 400 克碳排放，相当于一棵梭梭树一生吸收的二氧化碳量。市民在使用空调时，可以将夏季制冷温度设置在 26 ~ 28 摄氏度，冬季制热温度设置在 18 ~ 20 摄氏度。定期清洗空调滤网、保持空调良好的运行状态、选择节能家电，这些都能有效降低能耗和碳排放。

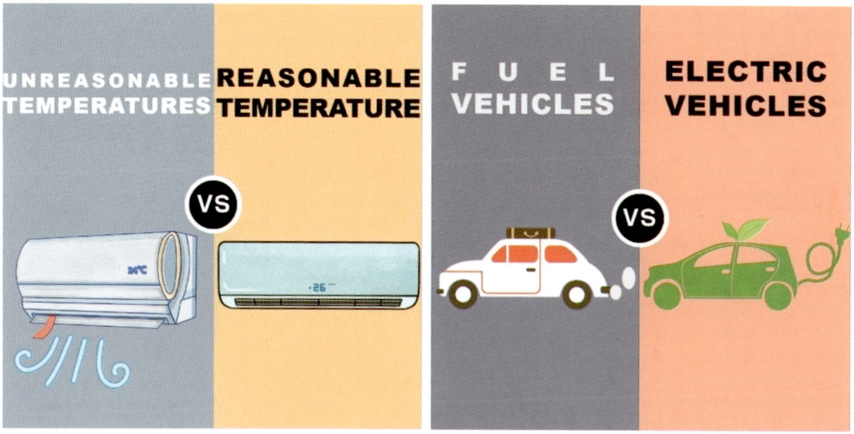

图 9-3　不合理使用空调与合理使用空调，使用燃油汽车与使用新能源汽车

9.4　行的低碳

上海市民在出行方式上的选择对城市的碳排放有着不可忽视的影响。在如今的上海，新能源汽车的普及为市民提供了环保的多种出行选择。截至 2023 年底，上海新能源汽车保有量达到 128.8 万辆，位列全球城市之首，充分展现了上海在新能源汽车推广方面的卓越成效。

新能源汽车的优势不仅体现在数量上，更体现在其显著的减碳效果上。相较于传统燃油汽车，新能源汽车在运行过程中不产生尾气排放，极大地减少了温室气体的排放量，有效改善了城市空气质量。以上海为例，新能源汽车国家大数据联盟发布的数据显示，2021 年 1 ~ 7 月，新能源汽车累计碳减排达到 1 982.43 万吨。

对于普通市民来说，选择新能源汽车不仅有助于环保，还能享受政府提供的补贴和优惠政策。同时，随着电池技术的不断进步和充电网络的日益完善，新能源汽车的使用体验也在不断提升。上海已经建立了较为完善的充电基础设施网络，包括公共充电桩和私人充电桩，方便车主随时充电。

除了新能源汽车，公共交通也是上海市民低碳出行的重要选择。上海的公共交通系统十分发达，涵盖了地铁、公交、共享单车等多种交通方式，为市民提供了便捷、高效的出行服务。地铁作为城市交通的骨干，以其大运量、高效率、低能耗的特点，成为市民日常出行的首选之一。据统计，上海地铁网络不断扩展，已经覆盖了城市的大部分区域，日均客运量达到千万人次级别，极大地减少了私人汽车的使用频率，从而降低了碳排放。

对于短距离出行，步行和骑行是零排放的环保选择。上海许多区域都建设了完善的自行车道和步行道，为市民提供了安全、舒适的慢行环境。共享骑行的兴起，更是为市民的短途出行提供了便利。根据相关报告显示，共享电单车出行替代了超过 30% 以汽车为主的高碳出行，累计减少二氧化碳排放量达到 118.7 万吨，而个人通过骑行替代汽车出行，每人每年可减碳 1 吨。

此外，上海作为现代化大都市，电梯保有量居高不下。较低层用户还可以通过走楼梯的方式为减少碳排放做出更多的贡献！

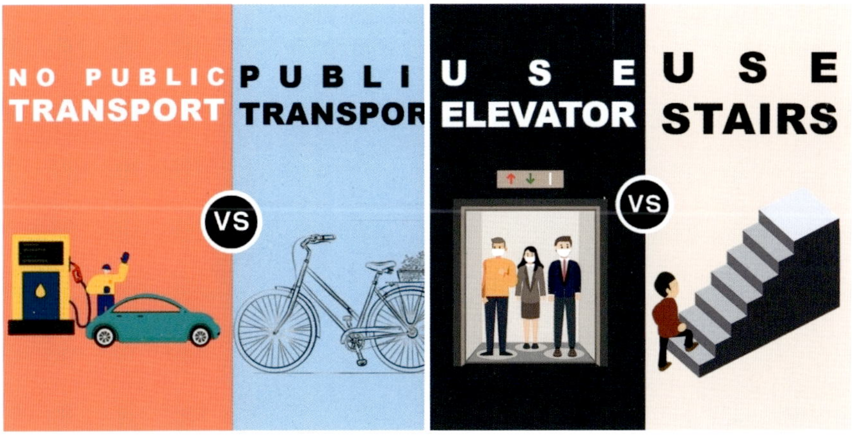

图 9-4　不使用公共交通出行与使用公共交通出行，使用电梯与走楼梯

9.5　上海普通市民如何参加碳普惠?

“碳普惠”是一项创新性自愿减排机制。它巧妙利用“互联网 + 大数据 + 碳金融”的方式，通过构建一套公民碳减排“可记录、可衡量、有收益、被认同”的机制，对小微企业、社区家庭和个人的节能减碳行为进行具体量化并赋予一定价值，促进全民减碳行动。上海环境能源交易所披露的数据显示，截至 2024 年底，上海市累计交易碳普惠减排量已达 13 222 吨，成交均价为 68.71 元 / 吨。那么，普通市民如何更积极参加碳普惠呢?

上海市民可以通过手机应用商城下载“随申办”App，或者通过“支付宝”“微信”App 的“随申办”小程序进入“随申办”平台。进入“随申办”后，在搜索栏中搜索“碳普惠”进入碳普惠专区，即可开通个人碳普惠账户。

开通碳普惠个人碳账户后，市民在地面公交、轨道交通、互联网租赁自行车、纯电动乘用车四类减排场景践行绿色出行低碳行为，可以计算并获得相应的碳普惠减排量。

图 9-5　上海碳普惠专区操作界面

根据上海市生态环境局发布的地面公交、轨道交通、互联网租赁自行车、纯电动乘用车四种碳普惠方法学进行计算。其中，每搭乘一次地面公交可以减少 422 克二氧化碳排放；每乘坐一公里地铁能减少 97 克二氧化碳排放；每骑行一公里能减少 98 克二氧化碳排放；驾驶纯电动乘用车出行，每行驶一公里可以减少 28~85 克二氧化碳排放。

市民通过以上四种减排场景产生的减排量可以兑换碳积分，碳积分可以在“碳普惠服务”栏的“减排量兑换碳积分”中进行兑换，兑换后可以在碳积分商城兑换心仪的商品。碳积分商城提供多种权益，包括数字人民币红包、视听平台会员、各类优惠券、IP 周边产品、其他权益等（具体权益以碳积分商城实际显示为准）。

每位市民通过碳普惠产生收益不会太多，但是水到渠成地汇集在一起的成效是巨大的。每个个人、每种行动、每种选择、每项交易，都能把低碳考虑在内，就能自然而然地形成低碳的美丽上海！

第十章

碳的气候变化教育：上海行动

10.1 上海碳秘馆

上海碳秘馆是全国首家以“碳”为核心的低碳科普场馆、首家低碳生活新时尚体验中心。2024 年 12 月 30 日在虹口区和平公园开馆，总建筑面积 1 044.78 平方米。全馆以“会呼吸、有温度、懂低碳、有趣味”为特色，以“低碳生活，与自然和平相处”为主题，全方位地展示了碳的奥秘以及它与气候变化之间千丝万缕的联系。

图 10-1　上海碳秘馆“低碳生活，与自然和平相处”标志

通过上海碳秘馆展示的碳的历史、碳循环过程以及人类活动对碳循环的影响，参观者可深入了解碳与气候变化的紧密联系。馆中详细的碳循环模型展示从大气中的二氧化碳被植物吸收，到动植物死亡后碳元素的回归，帮助参观者理解碳在自然界中的循环规律，以及人类活动如大量燃烧化石燃料如何打破这种平衡，导致二氧化碳在大气中过量积累，进而引发气候变化。

上海碳秘馆还开展了一些互动体验活动，如模拟碳交易场景，能让参观者了解碳交易在应对气候变化中的作用。

10.2 上海气象博物馆

上海气象博物馆位于徐家汇观象台旧址，见证了上海近现代气象科学的发展历程。目前是全国科普教育基地、全国十大气象科普基地、上海市爱国主义教育基地、上海十大行业博物馆。目前展出面积约 1 800 平方米，共 11 个展厅。上海气象博物馆就像一位默默讲述气象故事的使者，承载着气象科学的奥秘，在应对气候变化教育中发挥重要的科普作用。

图 10-2　上海气象博物馆（徐家汇观象台旧址）

本书讨论的很多场景，都可以在该馆中看到，如通过模拟动画展示海平面上升对沿海城市的威胁，能直观感受到气候变化带来的危机。馆内有气象人生科普集市、科学之光气象万千、博物馆奇妙夜、气象与生活、镜头里的气象万千等多个科学艺术融合展览。有先进的气象监测设备，展示气象数据是如何采集和分析的，如实时监测大气温度、湿度、气压等气象要素，了解实时天气变化。

10.3　上海崇明东滩鸟类国家级自然保护区

上海崇明东滩鸟类国家级自然保护区（以下简称保护区）位于崇明岛的最东端，是上海最重要的湿地碳汇，面积 241.55 平方千米。这里是长江入海口，淡水和海水在这里交汇，泥沙不断淤积，形成了壮丽的河口滩涂生态系统。

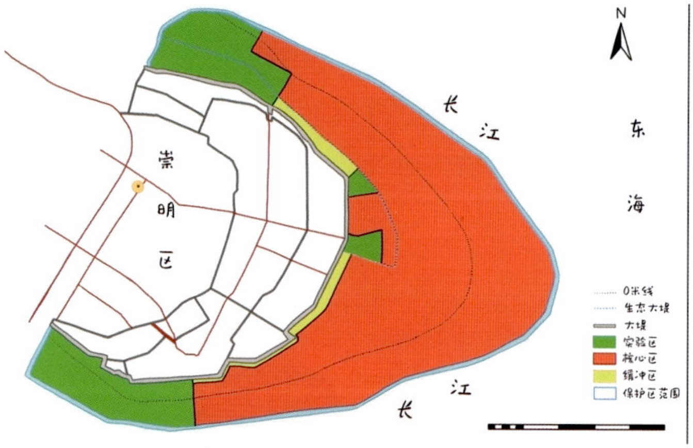

图 10-3 上海崇明东滩鸟类国家级自然保护区功能区划

保护区是鸟类的天堂，堪称鸟类的“国际机场”。每年，数以百万计的候鸟从遥远的西伯利亚、澳大利亚等地飞来，在此停歇、觅食、繁殖。这里记录到的鸟类种类多达 300 余种，其中不乏国家一级保护动物，如东方白鹳、黑脸琵鹭等。保护区的滩涂湿地生态系统，不仅为鸟类提供了食物和栖息场所，还在全球碳循环中发挥着重要的碳汇作用。这主要是因为湿地植物通过光合作用吸收二氧化碳，并将其固定在土壤中，形成了一个巨大的“湿地碳汇”。

整个保护区被划分为核心区、缓冲区和实验区三大区域。因此，保护区可以举办各种科普活动和旅游项目，来吸引游客和环保爱好者参与。

10.4 上海老港再生能源利用中心

垃圾分类是上海新时尚，背后需要垃圾终端处理设施的支撑。上海老港再生能源利用中心是亚洲规模最大的垃圾焚烧发电厂之一，承担着全市约 70% 的干垃圾焚烧处理任务。中心有先进的垃圾焚烧发电技术，将每天约 9 000 吨的生活垃圾焚烧后用于发电，同时实现垃圾处理和发电的两大效益，是重要的减碳举措。

图 10-4 上海老港再生能源中心二期中控室

上海老港再生能源利用中心特色是高度智能、清洁生产，厂区一尘不染，并配以精心的装饰和美化。现场生产数据均在图 10-4 中的中控室内自动采集、自动分析、自动反馈，最终自动控制所有现场设备运行，堪称“智慧低碳工厂”。垃圾焚烧工艺，不仅减少了垃圾填埋对土地资源的占用和污染，还减少了对传统化石能源的依赖，从而大幅降低了碳排放。因此，该工厂不仅为城市低碳运行提供了一个成功范例，还在垃圾分类教育、环境教育、应对气候变化教育中接待了数以万计的大学生、中学生和社会公众，成了一个全市“网红”打卡点。

10.5 上海环境能源交易所

上海环境能源交易所（以下简称交易所）成立于 2008 年 8 月，是经上海市人民政府批准设立的全国首家环境能源类交易平台。交易所的任务是通过市场化的手段，推动包括碳排放配额在内的环境资源的优化配置和节能减排目标的实现。

交易所主要开展碳排放权交易等业务。企业可以在交易所购买或出售碳排放配额，如果企业的实际排放量低于配额，就可以将多余的配额出售获利；如果排放量超过配额，则需要购买额外的配额。这一交易体系的建立，对于上海和全国碳市场以至于背后千千万万个与碳排放或碳减排相关的企业和个人而言，发挥了重要的价格信号发现和交易变现作用。

图 10-5　上海环境能源交易所全国碳市场 2024 年度市场总体情况

类似股市在经济发展中的作用，交易所的碳交易在低碳和应对气候变化中有着极其重要的核心地位。这体现在以下两个方面：一是交易所是推动全社会参与气候行动的平台。它的存在让碳减排变得“有利可图”，波动的碳价和相关收益激发了企业与社会各界的积极性、主动性。这是“碳普惠”得以实现的关键市场机制。二是交易所有一定的教育功能。大多数碳的科普教育重视自然科学和技术领域的知识，而交易所是气候经济和金融知识的科普窗口，用碳市场、碳价、碳排放权、碳交易、碳普惠、碳资产、碳金融等概念，向企业、投资者和普通民众普及环境能源交易的知识和原理，更为生动，更能打动人心。同时，由上海环境能源交易所牵头，金融机构、头部企业和研究所联合成立的“碳中和行动联盟”，也将促进企业的共同参与，推动减排目标的早日实现。

10.6　上海城市规划展示馆

上海城市规划展示馆（以下简称规划馆）是上海的“城市之窗”，位于人民广场，2000 年建成，2019 年改造。全馆以“城市、人、环境、发展”为主题，以序厅、人文之城、创新之城、生态之城作为主展区，建筑面积 2 万余平方米，分地下 2 层和地上 6 层，是国家 AAAA 级旅游景点。

图 10-6　上海城市规划展示馆

规划馆是普及城市应对气候变化和可持续发展理念的重要场所。规划馆中展示了上海城市的发展历程和未来规划，其中包括对气候变化因素的考虑，如通过合理布局城市功能区，减少交通拥堵，降低能源消耗和碳排放；推广绿色建筑，采用节能材料和技术，提高建筑的能源利用效率。规划馆还展示了应对气候变化的城市基础设施建设项目，如海绵城市建设。通过建设雨水花园、蓄水池等设施，提高城市对雨水的吸纳和利用能力，缓解城市内涝，改善城市生态环境。

从古代苏州河的渔村风貌，到近现代黄浦江的开埠通商，再到如今国际化大都市的崛起，各个历史时期的城市风貌在这里都有生动的呈现。作为一座连接过去与未来的“时光机”。规划馆展示了城市的辉煌成就，更通过科普教育和公众参与，为城市应对气候变化和可持续发展注入了新的活力。

10.7　上海国际碳中和技术、产品与成果博览会

上海国际碳中和技术、产品与成果博览会（以下简称碳博会）是一

个聚焦碳减排和应对气候变化的专业展会。自 2023 年首届举办以来，已成为全球碳领域的盛会之一。2025 年的碳博会，恰逢六五世界环境日，将在上海新国际博览中心举行。

碳博会以“从科技到生活”“从认知到行动”作为精彩亮点。通过“衣、食、住、行、用”五大维度，让参观者体验低碳生活。通过前沿科技展示，汇聚全球领先的低碳技术。例如，特斯拉（Tesla）展出的家用太阳能屋顶 Solar Roof 不仅美观大气，还能为家庭提供清洁能源解决方案；中国银联推出兼具金融和绿色账户功能的“绿色低碳卡”，能通过积分权益激励市民参与日常生活垃圾分类；宜家家居展出了一系列用海洋塑料、生物秸秆、纯天然竹等环保材料制成的笔、笔记本、杯垫、充电线等日常用品。因此，每年的碳博会都能会聚国内外众多企业、科研机构和专家学者，展示了最新的碳减排技术、产品和解决方案。

图 10-7　2024 上海碳博会现场

碳博会还为公众普及了碳减排和应对气候变化的前沿知识，展示前沿科技的力量和低碳生活的美好。碳博会让我们明白，绿色未来并非遥不可及，只要从现在开始“碳”索，从身边小事做起，每个人都能成为绿色未来的创造者。

上海气候周

上海气候周以“中国行动、亚洲声音、世界标准”为宗旨，旨在对标联合国系列气候周活动，促进社会多层次参与中国“双碳”目标承诺，向世界讲述应对气候变化的中国行动，发出以新兴经济体和发展中国家为主体的亚洲声音，推动制定相关国际标准。气候周期间，相关政府部门、国际及中国社会组织、世界500强和龙头企业、城市和乡镇等各个相关领域将共同参与，围绕可持续发展，开展绿碳亚洲论坛、美丽中国、气候公园、气候变化教育等系列活动，未来有可能成为一个世界性绿色品牌符号。

10.8　气候变化和碳教育能带来哪些收获？

教育能给人以知识，更能给人以能力和见解。在传统环境教育的基础上，气候变化教育或碳的教育，能给人，特别是中小学生和普通社会公众，带来什么不一样的知识、能力和见解呢？本书认为有5个方面：

第一是复杂性。从原子、分子到气候变化，到人类的碳源、碳汇，到未来，都充满了复杂性。没有一个人可以把其中所有科学、技术、工程、经济、社会问题说清楚，这个话题是非常复杂的。这种问题的复杂性，是未来世界的真相。

第二是不确定性。不确定性不等于复杂性。一架飞机是复杂的，一列火车也是复杂的，但我们清楚地知道，这架飞机和这列火车会把我们带到目的地，这一点是确定的。但不确定性就不一样了，我们不知道气候变化的后果是什么，升温1.5摄氏度和升温2摄氏度的后果会是什么样呢？即使最出色的科学家、工程师、政治家和企业家们，也不能确定，我们每个人就更不能确定了。因此，这种不确定性始终围绕着我们，我们不清楚未来会是什么样的，只知道未来是不确定的。

第三是韧性。韧性使我们面对气候变化时，包括面对各种困难、挫折、环境的改变，始终保持着自己的一份稳定性的能力。未来是不确定的，未来是复杂的，但是我们能够拥有追求稳定的、幸福的、健康的、积极向上的生活的能力，并加以保持，这就是我们的韧性。不管未来气候变化如何，我们都要保持这一能力，始终做最好的自己。

第四是适应。面对全球气候变化，所需要我们做的远远不是节约一滴水、垃圾分类、减少浪费等，而是需要全人类在各个方面、各个层次去适应地球气温的变化，以及气候变化带来的新问题和新挑战，比如海平面上升、冰川融化、极端天气甚至灾害等都需要我们去适应。因此，我们应该有更好的适应能力，适应不同环境的能力。

第五是责任。应对气候变化，保护我们的家园是我们每个人的希望，更是新一代每一个人的责任。我们应该从点滴做起，节水减碳，垃圾分类，学习好气候变化和碳的相关知识，在生活中把减碳、应对气候变化融入其中。实现人与自然的和谐，人与自己的和谐，还有我们内心的和谐。

另外，应对气候变化和碳的教育，还需要有切实的教育方法。每个人的寿命大多在 100 年以内，但人类文明会长得多。因此，与其说碳和气候变化是当代人的挑战，不如说是未来每一代人面临的挑战。这就是人类社会的可持续发展目标。因此，除了学校教育，下一代人还需要参加更多的社区教育、实践教育，体验和践行可持续发展的理念。本章推荐的上海与气候变化、碳相关的场馆和单位，就是最好的教育资源。这也是联合国可持续发展目标（Sustainable Development Goals，SGDs）所倡导的重要内容。

图 10-8　17 个联合国可持续发展目标

进行一次气候变化教育的行走

2024 年 5 月，上海吴泾公园、浦江第一湾公园和兰香湖等地开展的“气候变化与低碳生活”主题活动，通过问卷、讲解、行走、动手实验和问答等形式，将环境保护知识与现实场景相结合，体会气候变化落在生活场景中的方方面面。

如果以自己生活周边的场景开展气候变化教育的人文行走，可以发掘和组织的场景包括附近的公园、河流、社区花园、学校绿地等，设计一条行走路线，建议与家人和朋友一起讨论。

主要参考文献

1. 尼尔·德格拉斯·泰森（Neil deGrasse Tyson）. 给忙碌者的天体物理学 [M]. 孙正凡，译 . 北京：北京联合出版公司，2018.
2. 德里克 ·B. 罗威（DerekB.Lowe）. 化学之书，[M]. 杜凯，译 . 重庆：重庆大学出版社，2019.
3. 陈迎，巢清尘 . 写给青少年的“双碳”故事 [M]. 北京：人民教育出版社，2022.
4. 蒂姆·伦顿 . 地球系统科学 [M]. 林岩銮，译 . 北京：外语教学与研究出版社 2020.
5. 阿尔·戈尔 . 不愿面对的真相 [M]. 自然之友志愿者，译 . 长春：吉林人民出版社，2007.
6. 比尔·盖茨 . 气候经济与人类未来 [M]. 陈召强，译 . 北京：中信出版社，2021.
7. 科特·施塔格 . 诗意的原子：8 种联结你和宇宙万物的无形元素，[M]. 孙亚飞，译 . 长沙：湖南科学技术出版社，2020.
8. 史蒂芬·库宁 . 悬而未决：气候变化的事实和迷思 [M]. 王乔琦，译 . 上海：上海译文出版社， 2025.
9. 瓦茨拉夫·克劳斯 . 环保的暴力 [M]. 宋凤云，译 . 北京：世界图书出版公司，2012.
10. 竺可桢 . 中国近五千年来气候变迁的初步研究 [J]. 考古学报，1972(1)：15-38.
11. 宋明霞 . 我的绿色低碳生活 [M]. 陈慧玲，绘图，廉子健，译 . 北京：中国电力出版社，2024.
12. 哈莉特·巴尔克利 . 城市与气候变化 [M]. 陈卫卫，译 . 北京：商务出版社，2020.
13. 联合国环境规划署 .2024 年可持续膳食系列报告：全球菜谱碳足迹 .2024.
14. 戴瀚程 . 探知无界·气候变化的危机与应对 [M]. 北京：北京大学出版社，2021.
15. 江霞，汪华林 . 碳中和技术概论 [M]. 北京：高等教育出版社，2022.
16. 张勇 . 环境问题观察 [M]. 北京：高等教育出版社，2021.
17. 联合国发布 . 城市降温指南 .2021.
18. 政府间气候变化专门委员会 .(2023).AR6 Synthesis Report: Climate Change 2023.IPCC.
19. IEA.(2023).World Energy Outlook 2023.

20. World Bank.(2024). State and Trends of Carbon Pricing 2024.

21. World Meteorological Organization.(2025). State of the global climate 2024.

22. 联合国可持续发展目标 SDGs 相关出版物 .